KB074657

십 대, 미래를 과학하라!

오늘의 과학자가 내일의 과학자를 만나다

십 대, 미래를 과학하라!

10월의 하늘 10주년

정재승 · 장동선 · 이 식 · 한대희 · 이정모
고재현 · 장수진 · 조천호 · 황정아 · 이강환

청어람미디어

여는 글

10월의 하늘, 해마다 기적이 10년이나!

올해로 '10월의 하늘'이 10회째를 맞았습니다. 10년째 10월의 마지막 토요일에 작은 도시의 도서관에서 과학강연 기부가 벌어져 왔다는 뜻이지요. 저로서는 이것을 기적이라 생각하지 않을 수 없습니다. 모두가 따뜻한 마음으로 만들어낸 '비현실적인 현실' 말입니다.

사실 그 출발은 소소했습니다. 2005년 무렵, 서산의 시립도서관에 초청을 받아 그곳에서 과학강연을 할 기회가 있었습니다. 그런데 의외로 학생들의 반응이 뜨거웠지요. 과학자를 보기 위해 읍내에서 1시간 넘게 버스를 타고 온 학생부터 과학자를 처음 본다며 몸을 만지려는 장난꾸러기까지. 저는 그날 아이돌의 대우를 받았어요. 그들이 제 머리카락을 뜯어가려고 애썼으니 말입니다. 과학자를 처음 본다나!

그들에게 뭔가 해줄 수 있는 과학자인 저 자신이 근사해 보이기까지 했습니다. 그리고 서울만 벗어나도 과학자를 실제로 본 청소년들이 별로 없다는 사실에 놀라기도 했습니다. 그 후 지역 도서관에서 과학강연을 하는 걸 재능기부인 줄도 모른 채 그 일을 몇 해 동안 하게 되었던 겁니다.

민감한 청소년 시기, 우연히 듣게 된 과학자의 강연, 무심코 읽게 된 과학책 한 권이 젊은이들에게 과학자의 꿈을 품게 만듭니다. 우주와 자연, 생명과 의식의 경이로움에 매혹된 채 말이죠. 안타깝게도 작은 도시의 청소년들은 과학자를 만날 기회가 좀처럼 없어요. 일상에 존재하지 않는 과학과 친숙해지기란 쉽지 않은 일입니다.

혼자만 하기 아쉬워, 2010년 9월 3일 "저와 함께 작은 도시 도서관에서 강연 기부를 해주실 과학자 없으신가요?"라고 트위터에 글을 남겼는데, 놀라운 일이 벌어졌습니다. 불과 8시간 만에 연구원, 교수, 의사, 교사 등 100여 명이 기꺼이 강연 기부를 하겠다며 신청을 해주신 것입니다. 허드렛일이라도 돕겠다는 분, 책을 후원하고 싶다는 분들도 수백 명에 달했습니다.

덕분에 첫해 전국 29개 도서관에서 67명의 과학자가 동시에 과학강연을 해주었고, 그 후로도 매년 40여 개 도서관에서 100여 명의 과학자 덕분에 과학강연회가 열렸습니다. '1년 중 364일은 자신의 재능을 세상에 정당히 청구하지만, 10월의 마지막 토요일 하루만은 더 나은 세상을 위해 내 재능을 기꺼이 나누고 기부하자'라는 취지를 많은 분이 공감해 준 덕분입니다.

전 세계적으로 화제가 되는 TED 강연에 비하면, '10월의 하늘'은 한없이 초라합니다. 비싼 수강료를 내고 참석한 청중들에게 세계적인 학자들이 전하는 강연시리즈가 아니라, 그날 지방으로 내려가 기꺼이 과학강연을 기부하겠다고 자원해준 과학자라면 누구나 할 수 있습니다. 교수나 연구원만이 아니라 대학원생, 과학 교사, 과학 기자 등 과학을 하는 누구라도 말이죠. 거기다 잘 꾸며진 강연장이 아니라 100석도 채 안 되는 작은 도서관에서 벌어지며, 듣는 청중들도 대부분 그 지역의 중고등학생들과 마을 어르신들입니다.

재능기부로 진행되는 '10월의 하늘'은 누구든 참여해 강연할 수 있습니다. 운영도 '기억으로 가입되고 망각으로 탈퇴되는' 느슨한 운영기부자들만 있을 뿐입니다. 책 후원 외엔 돈을 한 푼도 받지 않으며, 모든 활동이 재능기부로만 이루어집니다. 재능기부자들에게는 우리 행사가 'TEDx 운영자'처럼 이력서에 스펙으로 더해지지도 않습니다.

그럼에도 불구하고 '10월의 하늘'이 유지될 수 있었던 것은 강연회의 감동을 잊지 못한 재능기부자들 덕분입니다. 먼 거리를 버스 타고 온 학생들의 눈망울을, 40분 강연을 위해 3일을 준비하고 하루종일 차를 타고 먼 도시까지 와서 강연해준 과학자의 열정을, 한 번도 과학강연을 준비해본 적 없는 도서관 사서의 친절한 배려를 잊지 못해 올해를 기다려온 분들 덕택입니다.

단 하루 동안 벌어지는 행사지만 20명이 넘는 사람들이 석 달 전부터 애써야 합니다. 10주년을 맞은 올해는 각별히 이른 봄부터 준비위원회 위원들이 '10월의 하늘' 행사를 치르기 위해 도서관을 섭외하고 강연자를 모집했습니다. 그리고 청어람미디어 출판사의 도움으로 강연을 묶어 책으로 펴내고, 강연에 참석한 학생들이 강연을 듣고 정성스레 감사편지를 써 강연자에게 선물할 수 있도록 엽서를 마련했습니다. 또한 홍보를 위해 포스터를 만들어주신 분들, 주제곡을 작사 작곡하고 동영상을 만들어주신 분들, 뒤풀이 때 강연기부자들에게 드릴 선물을 기꺼이 내놓는 분들까지. 이렇게 이 행사에 참여하는 모든 분은 아무런 대가 없이 자발적으로 참여합니다.

열 살이 된 '10월의 하늘'에게 가장 중요한 화두는 지속가능성입니다. 과연 이 행사를 언제까지 계속할 수 있을까? 트위터로 잠시 모였다가 강연회가 끝나면 바로 사라지는, 그래서 노하우가 축적되지 못하는 이 행사가 과연 10년 이상 버틸 수 있을까? 일시적인 기부 이벤트가 아니라, 지속가능한 강연회가 되려면 어떻게 행사를 꾸려나가야 할까? 이 화두가 행사를 이끄는 내내 머릿속을 떠나지 않았습니다.

어쩌면 '10월의 하늘'이 오랫동안 유지되기 위해서는 다른 행사들처럼 법인화된 조직이 필요할지도 모르겠습니다. 상설 직원을 두고 일 년 내내 운영하는 방식도 고려해볼 만합니다. 트위터를 통해서만 재능기부자를 모집하고 홍보하는 '10월의 하늘'의 개성도 이젠 포기해야 할까요? 더 많은 사람이 참여할 수 있도록 SNS뿐 아니라 언론을 활용하고 광고를 하는 것도 방법이겠죠. 기업의 후원을 받는 것이 가장 현명한 선택일지도 모릅니다.

이런 주변의 수많은 조언을 뒤로하고, 올해도 첫해처럼 돈과 조직 없이 소박하게 시작했습니다. 자발적인 참여가 가장 폭발적인 열정을 만들어 낸다는 작은 믿음 하나로. 느슨한 조직이 갖는 유연함과 자유로움이 우리 모임에 참여하는 많은 분을 즐겁게 하는 가장 큰 가치임을 깨달으며 말입니다. 한국도서관협회가 도서관을 모집해주고, 열정적인 재능기부자들이 모여 강연자와 도서관을 연결하는 것만으로, 전국 100여 개 도서관에서 과학강연회가 벌어질 수 있다는 걸 세상에 보여주고 싶습니다.

놀라운 기적은 모두를 감동하게 하는 한순간이 필요합니다. 뭔가를 10년째 지속하기 위해서는 그것이 가슴 설레는 것이어야 합니다. 그래야 세상이 함께 해주고 선한 사람들이 도와줍니다. 혼자서는 할 수 없는

'현상'이 세상 속에 만들어집니다. 소풍 가는 마음으로 아침 일찍 기차를 타고 버스를 갈아타서 도착한 작은 도서관에서 만나게 되는 작은 눈망울들, 강연을 들은 학생들이 정성스레 써준 감사의 편지들, 도서관 사서께서 연신 "고맙다"라고 인사하시면서 건네준 마늘이나 밤 같은 지역특산물 선물까지, 돈으로는 환산할 수 없는 감동이 우리를 10년째 참여하게 만들고 있습니다.

누군가가 나를 필요로 하는 사람에게 내가 가진 재능을 기부하겠다는 마음은 그 자체로 '세상에 대한 거대한 사랑 고백'입니다. 설레는 마음으로 그날을 준비하고, 나를 필요로 하는 사람과 뜨겁게 만나고, 그날의 감동을 오래도록 간직하는 소중한 기억. 재능기부는 나와 한 시대를 살아가는 동시대인들에 대한 거대하면서도 따뜻한 사랑 고백입니다. 떨리는 마음으로 사랑을 고백하듯, 재능도 세상을 향해 고백해주시는 분들 덕분에 매년 '10월의 하늘'은 늘 그 자리에 있어 왔습니다.

'오늘의 과학자가 내일의 과학자를 만나다'라는 우리의 모토를 이제 현실에서 실현해 보고 싶습니다. 근사한 강연으로 그들에게 우주와 자연과 생명과 의식의 경이로움을 일깨워주고 싶습니다. 슬라이드 중심의 과학강연이 아니라 현장에서 실험하고 학생들이 실제로 참여하는 과학강연들로 말입니다. 앞을 보지 못하거나 소리를 제대로 들을 수 없는, 몸이 불편한 학생들도 참여할 수 있는 과학강연으로 말입니다. 연극이나 공연으로, 낭독회나 모의법정으로 새롭게 과학을 이야기해주고 싶습니다. '10월의 하늘'에서 강연을 들었던 청소년 중에서 한 명이라도 과학자 혹은 공학자가 되어 세상을 좀 더 근사한 곳으로 만드는 데 이바지해준다면, 우리는 항상 '10월의 하늘'을 준비할 것입니다.

이 책은 바로 이를 위해 애썼던 그 10년의 기록이 묻어 있는 강연집입니다. 지난 10년 동안 우리 '10월의 하늘'을 위해 주옥같은 강연을 해준 분들의 강연을 소중히 담은 연애편지이기도 합니다. 민감한 사춘기 시절, 우연히 듣게 된 과학자의 강연으로 우주의 경이로움에 매혹된 청소년들이 과학책을 통해 꾸준히 자연에 대한 탐구심을 높여갈 수 있기를 바라면서 이 책을 준비했습니다. 과학을 실험이나 논문으로만이 아니라, 책이나 방송을 넘어 '강연' 형태로도 소통할 수 있게 되어 더없이 기쁩니다. 그리고 그것이 진지한 독서를 통해 완성되길 기대합니다. 아울러 과학강연과 과학독서가 학창시절만이 아니라, 평생교육의 한 형태로 우리 일상에 깊이 들어가게 되길 바랍니다. 그것이 우리가 '10월의 하늘'을 준비하는 이유입니다. 이 책이 '10월의 하늘'이 주는 '강연의 즐거움'과 '자연의 경이로움'을 만끽하는 소중한 기회가 되길 조심스럽게 희망해 봅니다.

10월의 하늘 준비위원회 대표

정재승

차례

여는 글 | 10월의 하늘, 해마다 기적이 10년이나! | 008

01 정재승 인공지능 시대, 미래의 기회는 어디에 있을까? | 019

02 장동선 사람의 뇌와 뇌를 연결하는 법 | 039

03 이 식 생각의 지평을 넓혀주는 도구, 슈퍼컴퓨터 | 057

04 한대희 스마트교통으로 만나는 미래 세상 | 081

05 이정모 티라노가 털복숭이라고? | 103

06 고재현 자연의 빛, 인간의 빛 | 123

07 장수진 인간의 바다, 고래의 바다 | 147

08 조천호 기후위기, 돌이킬 수 없을까? | 167

09 황정아 인류는 미래에 어떤 우주환경에서 살아갈까? | 189

10 이강환 태양계 너머로 떠나는 우주 탐사 이야기 | 211

맺는 글 | 10월의 하늘 20주년을 기대하며 | 230

이미지 출처 | 234

내일의 과학자를 꿈꾸는 여러분을
'10월의 하늘'에 초대합니다!

영화 〈옥토버 스카이〉를 아시나요?
1957년 10월의 어느 날, 미국 탄광촌에 살던 소년 호머 히캄은
(구)소련에서 쏘아 올린 '하늘을 향해 날아오르는 별',
인공위성에 관한 뉴스를 보고 로켓 과학자가 되겠다는 꿈을 키웁니다.
호머는 주위의 냉대, 수많은 시행착오 속에서도 흔들리지 않고
꿈을 향해 나아갔고, 마침내 NASA의 우주 과학자가 됩니다.

그로부터 50여 년이 흐른 지금, 여기에 또 하나의
'10월의 하늘'이 열립니다. 탄광촌 소년에게 과학자의 꿈을 심어주었던
'하늘을 향해 날아오르는 별'을 이 땅의 청소년들과 함께 꿈꿔봅니다.

십 대, 미래를
과학하라!
10개의 특별한 과학강연

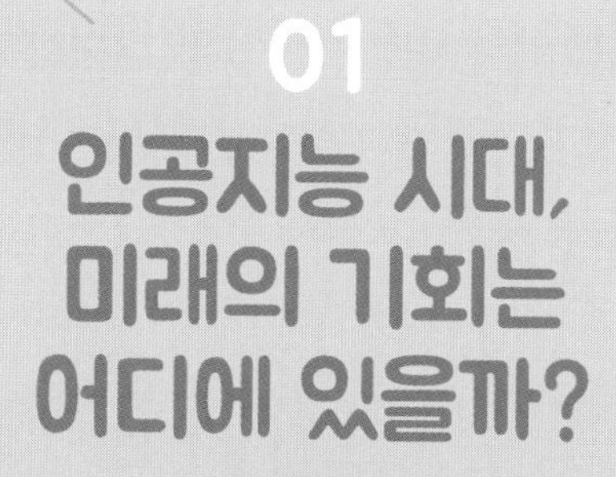
01
인공지능 시대,
미래의 기회는
어디에 있을까?

정재승

호기심은 세상을 이해하는 학습 기폭제

인공지능 연구가 새로운 봄을 맞이하면서, 뇌과학 분야에서는 호기심이 다시금 중요한 연구주제로 떠오르고 있습니다. 생명과학 분야에서 나온 논문들을 검색해보면, '호기심'을 주제로 쓰인 논문이 지난 100년간 어림잡아 2만여 편이나 되는데, 그중 2,000여 편이 최근 2년간 출간된 논문들입니다. 다시 말해 저명한 국제학술지들이 최근 들어 호기심에 관한 논문들을 쏟아내고 있다는 뜻이지요.

그 이유는 매우 간단합니다. 인공지능과 구별되는 인간의 가장 중요한 특징 중 하나가 호기심이기 때문입니다. '인공지능에게 호기심을 넣어줄 수 있을까?'와 같은 질문에 답을 하고 싶어서라는 얘기지요. 인공지능이 탑재된 페퍼나 휴보 같은 휴머노이드 로봇을 머릿속으로 상상해볼까요? 만약 지금 여러분 앞에 이런 로봇이 다가온다고 상상해보세요. 어떤 일들이 벌어질까요? 그들이 어떻게 움직이고 행동할지 쉽게 짐작이 갈 겁니다. 아마 누군가 뭔가를 물어보면 대답해주고, 발로 차려 하면 피하고, 버튼을 누르면 정보를 제공해주겠지요. 이처럼 인공지능 시스템은 자극에 반응하도록 디자인돼 있습니다. 입력이 들어오면 이를 처리해서 출력하도록 만들어진 것입니다.

인공지능이 탑재된
휴머노이드 로봇 페퍼

반면, 인간은 어떤가요? 어디를 가든 우리는

한시도 가만히 있지 못합니다. 특히 어린이들은 더 그렇겠지요. 낯선 장소라면 둘러보고, 물건이 있다면 만져보고 살펴볼 겁니다. 누군가를 만나면 그에 관해 물어보고 서로를 이해하려 애쓰겠지요. 어린아이들은 물론이고, 고양이나 개만 봐도 한시도 가만히 있지 않죠. 인간이나 동물은 자극이 오길 기다리거나, 입력에 대해 반응하도록만 만들어져 있지 않다는 얘기입니다.

인간은 "이건 뭐지?", "여긴 어디지?", "이렇게 누르면 어떻게 되지?", "너는 누구니?"와 같은 질문들을 쉴 새 없이 쏟아냅니다. 그리고 계속해서 새롭고 흥미로운 자극을 찾아 나섭니다. 자신에게 질문하고 그 질문에 대답하는 방식으로 세상을 이해해나간다는 뜻입니다. 다시 말해 우리는 '자극-반응 체계'로 작동하지 않고, '질문-대답 체계'로 살아갑니다.

우리는 왜 끊임없이 질문하는 걸까요? 왜 우리는 그토록 궁금한 것들이 많을까요? 곰곰이 생각해보면, 우리가 품은 질문에 뚜렷한 이유나 목적이 없는 경우가 허다합니다. 그저 궁금할 뿐입니다. 우리는 이러한 태도나 상태를 '호기심'이라고 부릅니다. 더 흥미로운 건, 그 질문에 답을 알아내면 그 자체로 기쁘고 즐겁다는 겁니다. 해답 자체가 기쁨이자 즐거움, 보상이 됩니다. 나중에 필요하거나 유용하지 않더라도 말입니다. 즉, 우리의 뇌는 스스로 답을 던지고 그 질문에 답을 찾으면 기쁘도록 디자인돼 있다는 뜻입니다.

호기심의 보상은 해답이 주는 즐거움이지만, 이를 통해 우리는 '세상에 대한 이해'를 얻게 됩니다. 끊임없이 세상에 질문을 던지고 거기에 대한 해답을 찾는 과정에서 세상을 더 많이 이해하게 되는 것이지요. 그렇게 되면 우리는 다음 상황을 예측할 수도 있고, 새로운 상황이 벌어졌을 때 적절하게 대처할 수도 있습니다. 또한 우리의 생존력도 높여줍니다. '호기심이 고양이를 죽인다'라는 서양속담도 있지만, 그 호기심이 사실은 우리를 세상에 더 잘 적응하도록 도와줬던 것입니다.

캘리포니아 주립대학교(데이비스 소재)의 메티아스 그루버 박사와 그의 연구팀은 '자신의 호기심을 해결하기 위해 학습을 하면 훨씬 더 오래 기억에 남는다'라는 연구 결과를 발표한 바가 있습니다. 호기심을 통해 지식을 습득하는 과정은 우리에게 큰 기쁨을 주며, 뇌 속의 보상 중추인 '측좌핵(Nucleus Accumbus)'이라는 곳에서 도파민이라는 신경전달물질을 분비합니다. 분비된 도파민은 뇌에서 기억을 담당하는 해마(Hippocampus)에 더 오랫동안 지식이 저장될 수 있도록 영향을 미친다고 합니다.

그렇다면 중요한 질문 하나를 던져 볼게요. 무엇이 지금의 인공지능과 인간을 구별 짓는 기준이 될 수 있을까요? 다양한 차이가 존재하지만, 그중 하나가 앞서 설명한 '호기심'이라고 말하고 싶습니다. 우리는 우리가 사는 세상을 무척 궁금해하는 존재입니다. 인간은 세상을 이해하는

인공지능과 인간을 구별하는 가장 큰 기준은 바로 호기심이다.

것에 큰 기쁨을 느끼는 생명체이며, 호기심은 세상을 더 깊이 이해할 수 있게 만들어주는 원동력입니다. 인공지능에게는 바로 이 호기심이 없지요. 인공지능은 그저 입력한 대로 행동할 뿐이고 세상에 대해 궁금해하지도 않습니다.

공부는 호기심을 스스로 해결하는 과정

어린이와 청소년 여러분, 무릇 공부란 무엇일까요? 공부란 우리가 세상에 대해 가지고 있는 호기심을 해결해가는 과정입니다. 그게 바로 진짜 공부입니다. 그래서 공부는 재미있을 수밖에 없습니다. 공부는 원래 '도파민이 가장 많이 분비되는 활동' 중 하나인 거지요. 우리는 평생 학습하는 존재지만, 어른이 되기 전에 충분히 학습하고 공부하는 것이 무엇보다 중요합니다.

하지만 대한민국의 공부는 스트레스를 받을 때 나오는 호르몬인 '코르티솔이 가장 많이 분비되는 활동'입니다. 즐거움이나 보상은커녕, 스트레스로 분비되는 호르몬이 뇌를 흠뻑 적실 정도로 고통스러운 과정입니다. 왜 암기해야 하는지도 잘 모르겠고, 궁금하지도 않은 지식을 억지로 머릿속에 집어넣으라고 하지요? 주어진 시간 안에 외운 것을 토해내야 하고, 이를 점수화해서

'학교가 창의력을 죽인다'라는 이 강연은 TED에서 가장 유명한 강연 중의 하나다.

다른 학생들과 비교도 당합니다. "학교 공부가 재미있니?"라고 학생들에게 물어보면, "어떻게 공부가 재미있어요? 말도 안 돼."라고 의아한 얼굴로 답합니다. 대한민국 공부는 호기심이 거세된 가짜 공부라고 생각합니다.

이처럼 안타깝게도, 우리나라 어린이와 청소년들은 공부를 '내가 궁금한 걸 스스로 해결하는 과정'이 아니라, 학교와 사회가 머릿속에 넣으라는 지식을 입력하는 과정으로 경험합니다. 그동안 우리의 학교는 인간인 우리 아이들을 인공지능처럼 대하고 있었던 겁니다. 주어진 지식을 얼마나 정확하게 머릿속에 입력했는지를 쏟아내게 하는 시험으로 그들을 줄 세우기까지 하지요.

대한민국 교실에는 질문이 없습니다. 그저 선생님 말씀이 이해가 안 될 때만, 아니 선생님이 쏟아내는 지식을 제대로 입력하기 어려울 때만, 확인 차 물어봅니다. 학생들이 스스로 만든 질문에 스스로 대답을 찾아가는 과정은 절대 가르치지 않습니다. 그것이 진짜 공부인데 말입니다.

학교는 내가 찾은 답, 내가 해석하는 내용, 내가 바라보는 관점에는 크게 관심이 없습니다. 이미 머릿속에 입력해야 할 정답이 있기 때문입니다. 친구의 생각에 내가 관심을 가질 필요도 없지요. 그건 시험에 안 나오니까요. 그래서 대한민국 학교에서는 토론 수업을 하더라도 제대로 된 토론은 없습니다. 게다가 토론을 좀 못해도 상관없지요. 중간고사와 기말고사만 잘 보면, 내신을 잘 받을 수 있으니까요. 그것이 바로 슬픈 현실이지요.

스스로 질문하고 스스로 답을 탐색하는 과정이 교육의 핵심

모두가 교과서의 지식을 똑같이 머릿속에 실수 없이 입력하고, 주어진 시간 내에 정확히 토해내는 시험을 공정하다고 믿는 세상에서, 청소년들은 나만의 질문을 던질 기회도, 그것을 흥미롭게 탐색할 시간도 박탈당합니다. "제2차 세계대전을 막을 수 있었던 역사적 순간은 언제였을까요?", "인간이 한순간 사라진다면, 500년 후 지구 표면은 어떻게 변할까요?", "만약 사랑이 사라진다면 세상은 어떻게 변할까요?"에 답하는 과정에서 학생들이 경험해야 할 진지한 고민과 깊이 있는 문헌조사, 과학적 분석과 기발한 상상력은 과연 대한민국 청소년들에게는 '사치'일까요?

이런 교육 환경에서 호기심은 오히려 성가신 능력이겠지요. 궁금해하지 않고 효율적으로 정리하고 빨리 외우는 학생이 더 좋은 점수를 받을 테니까요. 사교육은 그것을 더욱 부추기지요. 대한민국 교육에서 호기심은 고양이처럼 학생들을 죽입니다. 아주 끔찍한 일입니다.

"인공지능 시대, 우리 아이들은 무엇을 배워야 할까요?" 이 질문에 답하는 과정에서 우리가 제일 중요하게 생각해야 할 가치는, 호기심 어린 학습을 통해 학생들이 스스로 비판적이고 창의적인 사고를 할 기

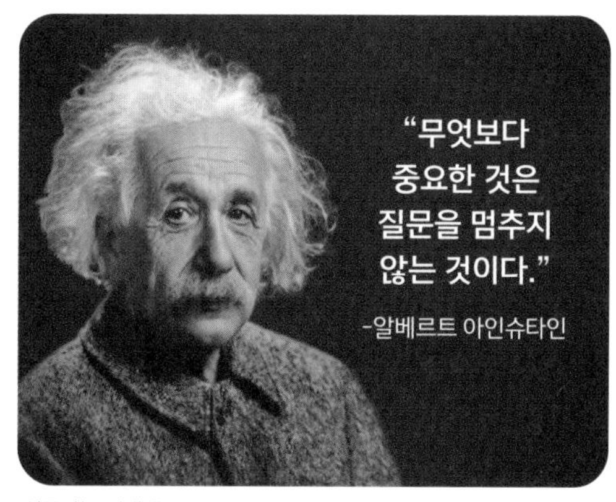

인공지능 시대에는 스스로 비판적이고 창의적인 사고를 하는 것이 중요하다.

회를 얻는 것입니다. 그것이 우리 사회가 평가의 공정성, 교사의 재교육, 교육예산의 부족보다도 더 중요하게 여겨야 할 가치입니다. 그래야 학생들이 저마다의 방식으로 인간답고 행복하게 살 수 있으니까요. "무엇보다 중요한 것은 질문을 멈추지 않는 것이다."라고 말했던 아인슈타인이 세상에 던진 메시지를 아직 대한민국은 실천하지 못하고 있는 형국입니다.

진짜 공부는 지적인 즐거움을 경험하게 하는 것

초등학교, 중학교, 고등학교가 12년 동안 청소년들에게 제공해야 할 가장 중요한 교육은 무엇일까요? 그것은 '무언가를 배운다는 것이 매우 즐거운 과정이라는 경험', 즉 지적인 즐거움을 만끽하게 해주는 것입니다. 그러면 평생 배우고 학습하는 인간으로 살아가겠지요.

인간의 생물학적 수명은 점점 길어져만 가는데, 지식의 수명은 점점 짧아지고 있습니다. 20대 초반에 대학에서 '전공'이라는 이름으로 몇 년 공부한 것으로 남은 인생을 살아갈 수 없는 시대로 접어들었습니다. 학교에서 구겨 넣은 지식은 결국 모두 잊히겠지만, 평생 독서를 즐기고 배움을 놓지 않는 어른으로 성장시킬 수만 있다면 이보다 더 좋은 교육은 없습니다.

"20년 후에 가장 유망한 직업이 뭔가요?" 제게 많은 학부모님께서 물어보시는 질문인데요, 솔직히 말씀드리자면 이보다 더 어리석은 질문도 없습니다. 20년 전 우리가 인공지능 전문가나 데이터 과학자를 생각하지 못했듯이, 20년 후 어떤 직업이 유망할지 아무도 알 수 없습니다. 다음 세대를 교육하기 위해서 미래 유망한 직업에 전략적으로 접근했다가는,

누구도 예측할 수 없는 미래에 낭패를 보기 십상입니다.

청소년들은 미래에 필요한 지식이 무엇이 되든 그것을 배우는 데 주저함이 없어야 합니다. 혼자 너끈히 학습할 수 있는 평생 학습자가 되어야 합니다. 그러기만 하면 그들은 저마다의 방식으로 우리 사회에 필요한 제 몫을 해낼 것입니다. 인공지능 시대, 미래의 기회는 어디에 있냐고요? 바로 무엇이든 즐겁게 학습하고 새로운 걸 배우는 데 두려움이 없는 바로 그 태도에 있습니다.

상상한 무언가를 실제로 만들어보기

"제4차 산업혁명 시대라고 하는데, 아이들도 코딩 교육을 받아야 할까요?" 이것도 요즘 많이들 물어보시는 질문이지요. 컴퓨터 코딩(Computer Coding)을 그저 프로그래밍 언어를 배우는 것으로만 생각한다면 굳이 어린이 혹은 청소년 시기에 배울 필요는 없습니다. 시험 문제를 풀 듯이 학원에서 따분하게 배우는 코딩만큼 해로운 것도 없지요. 그런 코딩 교육이라면 저는 권하고 싶지 않습니다.

자신이 상상한 것을 컴퓨터에서 구현하는 것이 코딩이다.

사실 코딩이란 우리가 꿈꾸는 모든 것들을 컴퓨터 안에서 실제로 구현하는 흥미로운 과정입니다. 심지어 세상에 아직 나오지 않는 것들을 상상하게 하고, 자기가 상상한 것을 온라인 안에서 실제로 존재할 수 있도록 창조할 수도 있습니다. 솔직히 말하자면, 프로그래밍 언어를 통해 온라인 안에서 무언가를 구현하는 과정은 때론 머리가 아플 정도로 매우 어렵습니다. 논리적인 능력이 엄청나게 요구되지요.

만약 자유롭게 상상하는 과정을 생략하고 무조건 외워서 코딩을 배운다면, 무언가를 구현하는 과정은 그저 고통스러울 뿐입니다. 자신이 상상한 것들이 컴퓨터 안에서 구현되는 즐거움을 맛본 청소년들은 '코딩의 매력'에 자연스럽게 빠질 수밖에 없습니다. 요즘은 청소년들에게 게임을 만들어보게도 하고, 즐겁게 코딩을 배우는 과정이 있다는 것도 잘 알고 있습니다. 코딩을 배우는 게 중요한 게 아니라, 제대로 배우는 게 중요하다고 강조하고 싶은 겁니다.

미안한 말씀입니다만, 오늘날 대한민국의 학교를 졸업한 청소년들은 무능하기 짝이 없는 어른으로 성장하고 있습니다. 교과서가 통째로 머릿속에 들어 있지만 칠판에 고인 지식이라 상상의 질료가 되기 어렵습니다. 남이 생각하지 못하는 것을 생각해본 경험이나 그러한 기회가 턱없이 부족합니다. 나만의 생각과 관점을 요구받지도 않았고, 그저 학교에 다니는 내내 암기만 하였기에, 배운 것들이 살아 있는 지식이 되기 어렵지요. 말로는 우주선도 만들 정도로 그럴듯하게 떠벌릴 수 있지만, 실제로는 라디오나 나박김치 하나도 제대로 만들 줄 모르는 사람들이 바로 대한민국 청소년들입니다.

그렇다면 인공지능 시대에 미래의 기회를 잡으려면 청소년들은 어떤 능력을 키워야 할까요? 바로 세상에 정말 필요하지만, 아직 존재하지 않는 것들을 상상하고 그것을 만드는 능력입니다. 그러기 위해서 우리는 청소년들에게 인간의 본성과 우리 사회의 민낯, 그리고 지금 우리가 추구하는 시대정신을 가르치고 그 안에서 사람들에게 정말 필요한 무언가를 생각해내는 능력을 길러 주어야 합니다.

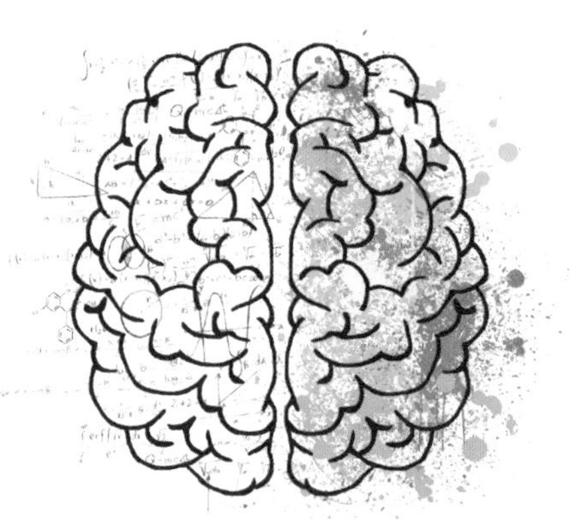

취업을 위한 지식뿐만 아니라 인문학과 예술을 포함한 다양한 경험이 필요하다.

이를 위해서는 폭넓은 독서와 글쓰기를 통한 깊이 있는 사고, 즉 인문학과 사회과학적인 사고과정을 익혀야 합니다. 그리고 그것을 만들 줄 알아야 합니다. 온라인이라면 컴퓨터 코딩으로, 오프라인이라면 3D프린터로 실제로 구현하는 능력이 필요합니다. 내가 상상한 걸 실제로 구현하기 위해서는 기초과학과 공학기술에 대한 구체적인 학습이 필요합니다. 내가 원하는 걸 만들기 위해 '힘과 운동'을 공부하고, '이차 함수'를 학습하고, 컴퓨터 코딩을 배운다면, 그보다 더 머릿속에 쏙쏙 들어오는 학습법도 없지요. 게다가 어릴 때부터 예술에 대해 폭넓은 경험을 해야 합니다. 그저 모나리자 앞에서 사진만 찍고 오는 루브르 미술관 방문이 아니라, 우리 도시의 작은 미술관 그림 앞에서 두 시간씩 생각하는 기회를 얻어야 합니다. 대한민국은 바로 이 가장 중요한 교육들만 빼고 다 가르칩니다. 슬프게도 세상이 바뀌기 전까지는, 이런 건 이제 청소년 여러분이 스스로 찾아서 길러야 합니다.

인간 지성이 인공지능과 무엇이 다른가?

대한민국은 안타깝게도 지난 수십 년 동안 사람들의 뇌에 마치 인공지능을 흉내 내라는 듯 교육해 왔습니다. 모든 사람의 머릿속에 같은 것만 넣어주면서 실수 없이 정답을 맞추기만 강조하고, 숫자와 언어로만 학습을 평가하고, 정량평가를 통한 줄 세우기에 급급해 왔습니다. 그러나 이런 낮은 수준의 숫자와 언어 능력은 조만간 인공지능이 우리를 앞지르게 될 겁니다.

따라서 우리는 인공지능이 처리한 숫자와 언어 데이터들 속에서 통찰을 얻고 깊이 추론하는 분석적 능력, 자신의 생각을 언어와 숫자 외에도 그림, 음악, 몸짓 등 다양한 방식으로 나타내는 표현 능력, 무언가를 실제로 설계하고 만들어보는 공학적 능력, 타인을 공감하고 갈등을 조정하면서 협력하는 사회적 능력이 두루 필요합니다. 다시 말해 우리 뇌의 다양한 영역들을 통합적으로 사용하는 전뇌적 사고가 인간 지성의 핵심입니다.

제가 강연에서 종종 하는 얘기가 있습니다. 앞으로 10년이나 20년 후, 인공지능과 더불어 살아갈 여러분에게 인간 지성에 대한 성찰이 무엇보다 필요합니다. 그러기 위해서는 우리를 둘러싼 테크놀로지와 우리가 무엇이 다른지 이해하는 것이 미래를 준비하는 첫걸음입니다.

"인간 지성이 인공지능과 무엇이 다를까요?" 인간 지성을 인공지능과 비교하기 위해서는 먼저 컴퓨터의 기원에 대해 주목할 필요가 있습니다. '컴퓨터'라는 개념을 세상에 내놓은 과학자는 존 폰 노이만(John von Neumann)과 앨런 튜링(Alan Turing)입니다. 컴퓨터 이전 시대에 세상에 등

존 폰 노이만

앨런 튜링

장했던 모든 기계장치는 만들어진 목적, 혹은 수행하는 특수한 기능이 있었습니다. '무엇에 쓰는 물건인고?'라고 물으면 대답할 수 있는 기능들을 하나씩 가지고 있었다는 뜻입니다. 예를 들어 '자동차는 무엇에 쓰는 물건인고?'라고 물으면, 인간이나 물건을 빠르게 먼 거리로 이동하게 해주는 교통수단이라고 설명할 수 있듯이 말입니다.

하지만 컴퓨터는 특별한 기능을 위해 만들어진 장치가 아닙니다. 한 가지 목적과 한 가지 기능만 가지고 있는 것이 아니라, 범용으로 사용될 수 있는 장치입니다. 숫자와 언어로 이루어진 상징체계를 사용해 컴퓨터가 이해할 수 있는 방식으로 논리적 완결성을 가진 업무처리 방식을 제안하면, 그것을 수행합니다. 그것이 무엇이든 완결성만 가지면 그 작업을 수행하는 장치입니다.

상징기호들로 표현된 업무 지시서를 '프로그램'이라고 부르는데, '컴퓨터는 프로그램으로 표현 가능한 모든 일을 수행하는 장치'라고 정의할 수 있습니다. 논리적 완결성을 가진 프로그램 속 논리체계를 '알고리즘'이라고 튜링은 명명했지요. 바로 그 프로그램을 짜는 과정을 우리가 '코딩'이라고 부르고요.

컴퓨터라는 개념을 최초로 제안한 노이만과 튜링이 수학자라는 사실도 매우 중요합니다. 왜냐하면 컴퓨터는 수학적으로 매우 아름다운 장치지만, 논리적이고 수학적으로 표현할 수 있는 업무만 수행할 수 있도록 디자인된 것이 컴퓨터의 성과이자 한계가 되었기 때문입니다.

인간의 뇌는 수학적이지 않은 컴퓨터

반면, 인간의 뇌에서 벌어지는 과정은 전적으로 생물학적입니다. 신경세포가 시냅스를 만들어가면서 거대한 네트워크 안에서 신호를 주고받으며 '사고'를 만들어가는데, 이 과정을 통해 우리는 세상을 인지하고, 감정과 욕구를 느끼며, 상황을 판단하고 의사 결정을 내립니다. 이런 나 자신을 의식하는 능력 또한 여기서 비롯되지요.

뇌는 생물학적으로 더없이 아름다운 장치입니다. 뇌가 사고하는 일련의 과정을 컴퓨터의 알고리즘으로 표현 가능할까요? 다시 말해 뇌의 생물적인 인식 과정이 과연 숫자와 언어의 상징체계로 표현할 수 있을까요? 그리고 그 과정은 수학적으로 완결성을 갖고 있을까요? 이 질문들은 아직 아무도 답을 모르는 열린 질문들입니다. 하지만 최소한 이런 얘기는 할 수 있을 것 같아요. 우리의 뇌는 컴퓨터보다는 별로 수학적이지 않다고.

어쨌든 이런 차이 때문에, 컴퓨터는 숫자와 언어라는 기호로 표현할 수 있고 논리적으로 완결성을 갖는 문제만 풀 수 있습니다. 예를 들어 우리보다 미적분 문제를 더 잘 풀고, 특정 단어가 들어간 문서를 쉽게 찾아내며, 유사 이미지를 빠르게 찾는 데 능합니다.

그 대신 단어와 문장을 '이해'하거나, 문맥을 파악하거나, 문장들을 읽으면서 불현듯 창의적인 아이디어를 떠올리는 일은 컴퓨터에게 어려운 과제입니다. 그런 과정 자체를 어떻게 숫자와 언어로 표현해 컴퓨터에 입력할 수 있는지 우리가 아직 잘 모르기 때문입니다. 뇌의 생물학적인 정보처리 과정이 컴퓨터의 수학적인 정보처리 과정과 다르므로, 능력과 성과를 내는 분야도 서로 다른 것입니다.

개와 고양이를 구별하거나 남자와 여자를 구별하는 과제가 인간에게는 전혀 어려운 문제가 아니지만, 인공지능에겐 만만치 않은 문제입니다. 개/고양이, 남자/여자를 구별하는 만능의 규칙이 없으므로, 알고리즘적으로는 답을 찾기 어렵습니다. 머리카락이 길다거나 다리가 가늘다고 해서 여성은 아니니까요. 마찬가지로 머리가 크다거나 덩치가 크다고 해서 남자라고 간주할 수 없으니까요.

그래서 불과 몇 년 전까지만 해도 이런 식의 패턴을 인식하는 문제는

인공지능이 개와 고양이를 구별하기 위해서는 엄청나게 많은 데이터를 입력해야 한다.

인공지능에게 정확도를 높이기 어려웠습니다. 이런 난제를 극복할 수 있게 된 계기는 바로 '빅 데이터'였습니다. 알고리즘적으로 극복하기 어려운 문제에서 정확도를 높이기 위해 빅 데이터를 활용해 문제를 해결한 것입니다.

규칙을 가르치는 대신에 엄청나게 많은 양의 데이터를 입력해주면서, 개/고양이와 남자/여자의 차이를 패턴에서 찾으라고 가르치는 것입니다. 충분히 많은 데이터를 넣어주기만 하면 인간처럼 높은 성과를 올릴 수 있다는 걸 인공지능 연구자들은 알게 됐습니다.

21세기 들어서 인공지능이 갑자기 뛰어난 성과물을 세상에 내놓을 수 있었던 이유도 아마 빅 데이터의 시대가 도래했기 때문일 겁니다. 이 사실은 역설적이게도 인공지능이 인간의 지성을 따라오려면 아직 멀었다는 것을 보여주는 간접적인 증거이기도 합니다.

왜냐하면 우리가 평생 본 개와 고양이가 몇 마리나 될까요? 우리가 '남자와 여자'를 구별하는 법을 부모에게 배우는 과정에서, 얼마나 많은 사람을 보며 학습했을까요? 한번 옛 기억을 더듬어 보세요. 우리는 주변의 수백 마리의 개와 고양이만 보고도 그들을 쉽게 구별할 수 있고, 수백 명의 사람만으로 남녀를 쉽게 구별할 수 있는 능력을 가졌습니다. 이 정도의 정확도를 만들어내려면 인공지능에게는 빅 데이터가 필요합니다. 예전에는 개와 고양이의 사진을 대량으로 찾기가 힘들었습니다. 하지만 현재는 페이스북에만 들어가도 개와 고양이 사진이 수백만 장이나 구할 수 있습니다. 소셜 미디어 덕분에 인공지능도 인간 수준으로 구별하는 능력을 갖추게 된 것입니다.

인간 지성의 핵심은 데이터 전복적 사고

1956년, 존 매카시가 '인공지능'이라는 개념을 세상에 내놓은 이래로 인공지능은 데이터를 기반으로 사고를 확장해 왔습니다. 예를 들어 인공지능 작곡 프로그램인 '아마데우스'에 모차르트의 모든 교향곡을 입력하기만 하면, 모차르트다운 근사한 교향곡을 작곡해낼 수 있습니다. 더 없이 모차르트스럽고 아름다운 곡으로 말이지요. 인공지능에게 데이터만 있으면 예술의 창의성 영역까지 확대 적용 가능하다는 것을 보여주는 사례입니다.

존 매카시

그러나 인간의 창조성은 다릅니다. 우리는 작곡을 하려는 학생들에게 바흐에서 모차르트를 거쳐 쇤베르크에 이르는 모든 교향곡을 가르칩니다. 그 다음에 이런 곡들과는 다른 일정 수준 이상의 뛰어난 교향곡을 만들어내라고 합니다. 이처럼 입력해준 데이터를 부정하는 사고를 요구하는 건 아직 인공지능에겐 무리입니다.

모차르트와 인공지능이 작곡한 노래를 비교하는 음악회가 열렸다.

세상의 모든 예술가의 머릿속에서는 바로 이런 창작의 과정이 벌어집니다. 기존에 나온 작품들을 섭렵한 후에, 그들과는 다른 무언가를 나만의 스타일로 만들어내는 일. 그것이 바로 인간이 가진 예술적 창의성의 핵심입니다.

과학자도 마찬가지입니다. 세상에 나온 기존의 논문들을 금과옥조라 믿고 모두 받아들이기만 한다면 좋은 연구를 하기 어렵습니다. 그것을 의심하고 회의하며 비판적으로 바라보는 사고가 무엇보다 중요합니다. 권위에 눌리지 않고 합리적으로 의심하며, 기존의 상식을 뒤엎는 대담한 가설을 세우고 이를 증명할 창의적인 실험에 몰두하는 일. 그것이 뛰어난 과학자들의 머릿속에서 벌어지는 생각법입니다. 미래의 기회는 바로 거기에 있지요.

비판적인 사고에서 창의적인 사고로

인공지능의 핵심이 데이터를 통해 인식을 확장하는 능력이라면, 인간 지성의 본질은 데이터를 비판적으로 받아들이면서 가치전복적 아이디어를 스스로 만들어내는 능력입니다. 자신만의 관점에서 세상을 새롭게 구성하고 이해하는 일, 개인적 경험 안에 인식의 틀을 가두지 않고, 데이터에만 매달리지 않는 비판적 사고가 인간 지성의 중요한 토대입니다.

역설적이게도 대한민국은 지난 수십 년 동안 인간의 뇌를 인공지능처럼 대해왔지만, 앞으로는 다음 세대에게 정답을 실수 없이 빨리 찾는 능력보다는 질문을 던지는 능력, 데이터와 지식을 비판적으로 받아들이는 능력, 자신만의 관점과 세계관을 세우려는 능력을 길러주어야 합니다.

그런 사고를 할 기회를 제공하고 그런 사유법을 독려해야 합니다. 지적 다양성이 인간 지성의 핵심이며, 획일화되지 않는 다양성의 존중이 행복한 인류를 만들어내기 위한 첫걸음이라는 지혜를 먼저 배워야 합니다. 미래에는 여러분이 그런 행복한 사회에서 살게 되기를 바랍니다.

덧붙임: 윗글 중 일부는 《한겨레》 영혼공작소 9월 10일 자 "인간 지성은 인공지능과 무엇이 다른가?"와 《중앙일보》 칼럼 2019년 6월 14일 자 "호기심을 거세하는 교육에 희망은 없다", 2019년 10월 1일 자 "아이에게 코딩 교육을 시켜야 할까요?"에 실린 바 있습니다.

정재승

KAIST 바이오및뇌공학과 교수. KAIST 물리학과에서 학부부터 박사학위를 받을 때까지 공부했다. 예일대 의대 정신과 연구원, 컬럼비아 의대 정신과 조교수를 거쳐 정신질환자들의 의사결정을 연구했으며, 현재는 '선택의 순간 뇌에서 무슨 일이 벌어지는지'를 바탕으로 뇌-기계 인터페이스, 뇌를 닮은 인공지능 등도 함께 연구하고 있다. 복잡한 사회현상의 뒷면에 감춰진 흥미로운 과학 이야기를 담은 『과학 콘서트』를 시작으로 『열두발자국』 등의 책을 썼다. '10월의 하늘'을 통해 더 많은 청소년이 과학에 관심을 갖고 과학자의 길을 걷기를 바라는 마음에서 10년째 '10월의 하늘'을 운영하고 있다.

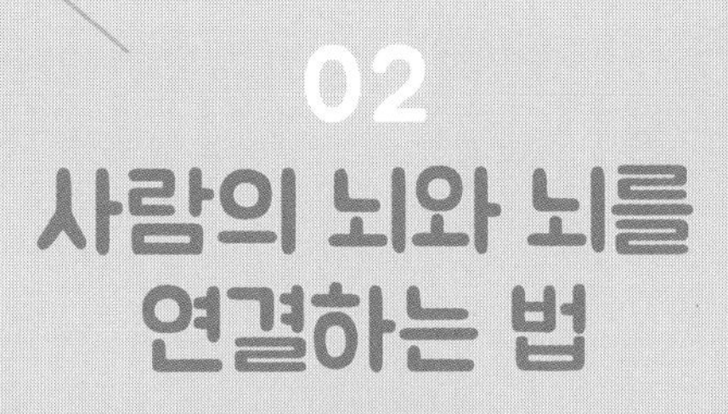

02
사람의 뇌와 뇌를 연결하는 법

장동선

다른 사람에게 내 생각을 보낼 수 있을까?

여러분은 머릿속에 있는 생각을 다른 사람에게 설명하고 이해시키기 힘들다고 느낀 적이 있나요? 나만 알고 있고 남에게 표현하기 어려운 마음을 누군가 그냥 바로 알아줬으면 하고 바랐던 적이 있나요? 다른 사람이 알고 있는 지식이 나의 뇌로 바로 흘러들어와 나의 지식이 되어버렸으면 하고 꿈꿨던 적이 있나요? 만약 위의 질문 중 하나라도 "네." 라고 대답했다면, 다음의 주제에 분명히 흥미를 느끼리라 생각합니다.

여러분의 뇌와 다른 사람의 뇌가 직접 연결되는 상상을 해본 적이 있나요? 정말로 가능한 이야기일까요? 대체 뇌와 뇌가 어떻게 연결된다는 걸까요? 이 주제에 대해서는 3개의 서로 다른 질문을 던지면서 답해보도록 하겠습니다.

첫 번째 질문, 우리는 다른 사람에 대해서 어떻게 알까?

사람의 뇌에 관해서 이야기하기 전에 먼저 어떤 동물의 사진을 보면서 시작하겠습니다. 바로 하마입니다. 사진에 있는 두 하마가 입을 벌리고 있는데 도대체 무엇을 하는 걸까요?

두 하마는 수컷인데 사랑하는 암컷 하마를 차지하기 위한 싸움을 하는 겁니다. 둘이 동시에 사랑하는 암컷 하마가 있고, 둘 중 한 마리만 사랑에 성공할 수 있습니다. 이 싸움에서 진 수컷 하마는 평생 모태솔로로 살아가야만 하는 운명이죠. 그런데 둘의 싸움이 어떻게 결정되는지 아세요? 생각보다 싱겁게 결정됩니다. 한 하마가 입을 아~ 하고 벌

두 수컷 하마의 모습

리고 있으면, 다른 하마도 입을 아~ 하고 벌립니다. 그리고 둘 중에 입이 큰 하마가 무조건 이기죠. 영어로 이걸 설명하면 좀 더 재미있습니다. 입이 크다는 영어로 'Big Mouth'인데, 말만 번드르르하게 잘하는 사람이라는 의미가 있거든요. 어쨌든 입이 더 작은 하마는 군말 없이 사랑하는 암컷 하마를 포기하고 평생 모태솔로로 살아가길 선택합니다. 사랑을 위해 조금이라도 더 싸워볼 수 있을 텐데, 상대 하마가 입이 더 크다고 바로 포기해버리다니 좀 슬프지 않나요?

하마들이 대체 왜 그렇게 행동하는지 알아볼게요. 그건 바로 하마의 뇌 때문입니다. 하마는 아주 크고 힘이 센 동물이라서, 만약 두 수컷 하마가 전력을 다해서 싸운다면 둘 중 하나가 죽어야 싸움이 끝날지도 몰라요. 그렇기에 하마의 뇌는 진화해오며 살아남기 유리한 방향으로 싸움을 결정짓게 되었죠. 그러한 뇌의 선택 덕분에 하마는 상대 하마가 자기보다 입이 더 크면, 뇌가 바로 '나보다 더 강해(More Dominant).'라고 판단해버리는 거죠. '입이 더 크네. 그러니까 나보다 강하겠어.'라는 생각을 거의 자동으로 한답니다. 사랑은 포기하지만, 목숨은 지킬 수 있게 되었으니 다행일까요?

그렇다면 우리 인간의 뇌는 어떨까요? 우리도 다른 사람을 보고 자동으로 '나보다 더 강한 사람이야.'라고 판단해버리는 메커니즘이 있을까요? 다음 사진을 보면서 생각해보도록 하지요.

누가 보스인지 어떻게 판단할 수 있을까?

사진에 나온 두 사람 중에서 누가 보스(상관)일까요? 여러분이 보기에 누가 더 강하게 보이나요? 사진을 보자마자 바로 알 수 있죠. 그런데 여러분은 누가 보스인지 정말 확신할 수 있나요? 여러분은 사진 속 사람들을 실제로 알지도 못하고, 회사에 같이 다녀본 적도 없잖아요. 사실 사진을 보고 모두가 똑같은 판단을 하지만, 정말 그런지는 아무도 확인해볼 수 없습니다. 그런데도 여러분의 뇌가 이러한 판단을 내리는 이유가 뭘까요? 제가 한번 맞춰볼게요. 여러분은 사진 속 사람들의 표정과 자세를 보고 누가 보스인지 판단했을 거예요. 이렇게 인간의 뇌도 상대방에 대해서 바로 무의식적으로 판단한답니다. 상대방이 어떠한 말이나 행동을 할 때, 우리는 그 내용이 아니라 몸짓과 표정, 목소리의 톤처럼 그 사람이 무의식적으로 전하는 비언어적(Non-verbal) 사회적 신호(Social Signal)를 기반으로 판단하게 됩니다.

여러분 중에서는 저를 오늘 처음 본 사람들도 많을 거예요. 여러분이 보기에 제 첫인상은 어땠나요? 제가 외향적이고 활동적일 거 같다고 느낀 사람도 있을 테고, 아니면 뭔가 굉장히 말이 많은 투머치토커일 것 같은 싸늘한 예감이 든 사람도 있을 겁니다. 혹은 먹는 걸 엄청나게 좋아할 거 같다는 느낌이 들었을 수도 있고요.

사실 여러분의 뇌는 저를 본 지 5초도 되지 않아서 이미 제가 어떠한 사람인지에 대한 판단을 끝냈습니다. 기본 인적 정보인 '나이, 성별, 인종' 등에 대한 파악은 1초도 걸리지 않아서 끝났고, 어떠한 성격을 가졌는지, 호감인지 비호감인지, 믿어도 될지 경계하고 멀리해야 할지 같은 판단도 이미 5초도 걸리지 않고 대부분 내려진 상태입니다. 이 역시 여러분의 뇌가 제 몸짓과 표정, 목소리 등이 전하는 비언어적 사회적 신호를 보고 저를 판단한 겁니다.

우리가 사람을 판단하는 법

미국 노스웨스턴 대학교의 데이비드 데스테노(David DeSteno) 박사가 재미있는 실험을 하나 했습니다. 처음 만난 두 사람이 서로 인사를 나누고 5분 정도 자유롭게 대화하게 한 다음에 상대를 얼마나 신뢰하는지 돈을 걸게 하는 실험입니다. 흥미롭게도 두 사람이 처음 대화할 때 어떠한 제스처를 사용했는지에 따라 상대에 대한 신뢰도가 예측 가능했습니다. 계속해서 얼굴을 만지거나, 다리를 꼬거나, 팔짱을 끼고 비스듬하게 앉는 종류의 제스처를 보일 때 상대방이 신뢰를 덜 하고, 돈을 더 적게 걸었던 거죠.

그렇다면 같은 몸짓을 사람이 아닌 로봇에게 보여주면 어떨까요? 데스테노 교수는 메사추세츠 공과대학교(MIT)의 신시아 브리질(Cynthia

로봇 넥시와 브리질 교수

Breazeal) 교수가 만든 넥시(Nexi)라는 로봇과 함께 같은 실험을 해봅니다. 사람이 아니라 로봇을 처음 만나게 되고, 이 로봇이 5개의 부정적인 제스처, 그리고 5개의 중립적인 제스처를 각각 보이게 되죠. 결과는 어땠을까요? 실제로 로봇을 만난 사람들은 말과 설문지로는 로봇을 긍정적으로 평가했지만, 돈을 걸고 신뢰도를 평가하는 게임에서는 로봇이 부정적인 제스처를 사용했을 때 똑같이 로봇에 대한 신뢰도가 떨어졌습니다. 즉, 우리의 뇌는 사람이건 로봇이건 이러한 몸짓의 비언어적 사회적 신호를 똑같이 판단한 거죠.

비언어적 사회적 신호를 읽어내는 데 가장 중요한 것

우리의 뇌는 몸짓과 제스처에 기반한 이러한 비언어적 사회적 신호들을 어떠한 방법으로 읽어낼까요? 이에 대한 중요한 실마리를 제공하는 연구를 하나 더 소개할게요. 바로 이탈리아 로마의 신경과학자인 살바토레 아글리오티(Salvatore Aglioti) 교수가 2008년도에 발표한 유명한 연구입

아글리오티 교수가 2008년에 행한 실험 장면

니다. 여기에서는 농구 선수들이 슛하는 장면을 비디오로 찍어서 아주 짧게 보여주고 슛이 성공할지 실패할지 판단하게 합니다. 농구 선수가 처음 슛을 시작할 때의 0.6초, 0.8초, 1.2초처럼 아주 잠깐 농구 선수의 자세와 움직임만을 보고 순간적으로 판단해야 하는 거죠.

이 판단을 제일 잘할 수 있는 사람은 누구일까요? 농구 선수들의 슛을 수만 번 이상 보고 분석한 시각적인 경험이 있는 농구 코치들의 그룹일까요? 아니면 수만 번 이상 슛을 쏘고 연습해본 경험이 있는 농구 선수들의 그룹일까요? 흥미롭게도 농구 코치들이 아니라 농구 선수들의 그룹이 아주 짧은 장면만을 보고도 슛의 성공 여부에 대해 훨씬 더 정확한 판단을 내렸습니다. 즉, 농구 코치들의 뇌가 이러한 슛 장면을 훨씬 더 자주 봤음에도 불구하고, 실제로 슛을 쏘는 직접적인 경험이 다른 사람의 자세와 움직임을 보고 판단을 하기에 더 중요했던 거죠.

우리에게 친숙한 행동이 미치는 영향

저도 비슷한 실험을 하나 했습니다. 일상생활 속에서 여러 다른 사람의 움직임만을 보고 그 사람이 어떠한 성격을 가졌는지, 그리고 무엇보다 협력을 잘하는 사람인지 아닌지를 판단할 수 있는지 보고자 했던 거죠. 저는 사람들에게 여러 가지 동작을 부탁했습니다. 걷기, 뛰기, 안무 춤(마카레나), 탁구 동작, 악수 인사, 막춤을 추는 6가지 동작을 하게 했어요. 그리고 여러 사람이 서로 다른 사람들의 이 동작을 보고 그 사람에 대해 평가를 했죠. 이때 어떠한 동작을 보고 다른 사람에 대한 협력도의 평가가 가능한지를 보고자 했습니다.

힌트를 드리자면, 3개의 동작은 다른 사람들이 보고 그 사람에 대한

'걷기, 뛰기, 안무 춤(실제 실험에선 마카레나 춤)'과 '탁구, 악수, 막춤'

충분한 정보를 얻을 수 있었고, 3개의 동작은 다른 사람에 관한 판단의 근거로 삼기 어려웠습니다. '걷기·뛰기·안무 춤'과 '탁구·악수·막춤' 중에서 어떠한 동작들이 다른 사람에 대해 정확한 판단을 내리기에 더 도움이 됐을까요? 흥미롭게도 '걷기·뛰기·안무 춤'의 동작들을 보고 다른 사람에 관한 판단을 내릴 때 더 정확한 예측이 가능했고, '탁구·악수·막춤'의 동작들을 보고는 정확한 판단이 불가능했습니다. 왜 그랬을까요?

그것은 바로 판단을 내리는 사람이 충분히 잘 알고 있고, 자신도 따라 할 수 있는 동작들을 보아야만 정확한 판단을 내릴 수 있기 때문이었습니다. 즉, 탁구 실력은 저마다 제각각이었고, 인사하는 방식이나 자기가 좋아하는 대로 추는 막춤은 저마다 스타일이 달랐기에 다른 사람의 동작을 보고 제대로 된 예측과 판단을 하기 어려웠던 거죠. 반면에 '걷기·뛰기·안무 춤'은 모두가 할 줄 아는 동작이었기에 나 자신의 동작에 다른 사람의 동작을 대입시켜 판단하기에 좋은 근거가 되었습니다.

첫 번째 질문에 대한 답을 정리해볼게요. 우리는 다른 사람에 대해서 어떻게 알까? 다른 사람을 볼 때 우리는 시각적 정보만을 가지고 판단하는 것이 아니라, 우리 몸의 운동 경험을 기반으로 판단합니다. 다른 사람이 팔을 움직이는 것을 보면, 나 자신도 팔을 움직일 때 일어나는 것과 같은 활성화 패턴이 뇌에서 일어납니다. 이렇게 반응하는 신경세포를 두고 거울 뉴런(Mirror Neuron)이라는 이름도 붙었지요. 우리는 타인을 보고 판단할 때 나의 존재를 그들에 대입해서 미러링(Mirroring)하고 시뮬레이션(Simulation)하면서 판단의 근거로 삼는 거죠.

두번째 질문, 우리는 왜 다른 사람들의 영향을 받을까?

1950년대에 행해졌던 유명한 사회심리학 실험이 하나 있습니다. 바로 솔로몬 애쉬(Solomon Asch) 교수의 '집단 순응' 실험인데요. 실험은 다음처럼 진행되었습니다. 한 방 안에 10여 명의 사람을 함께 모아 놓습니다. 그러고 나서 다음과 같은 질문을 하죠. "좌측의 선의 길이와 가장 비슷한 선의 길이는 몇 번인가요?" 그림을 보면 방에는 좌측의 선과 비교하여 길이가 짧은 선, 길이가 긴 선, 길이가 비슷한 선이 있습니다. 보통의 상황이라면 사람들이 모두 길이가 비슷한 3번이라고 답을 할 터이지만, 이 실험에서는 미리 짜고 10명 중 9명이 다른 답, 2번을 말하게 합니다. 앞의 9명이 잘못된 답을 말하고 나서 마지막 10번째 참가자를 모두 쳐다보면, 과반수가 넘는 참가자가 바로 전 사람들이 말한 것과 같은 '잘못된 답(2번)'을 말한다는 거죠. 즉, 다수의견에 사람이 순응하게 된다는 겁니다.

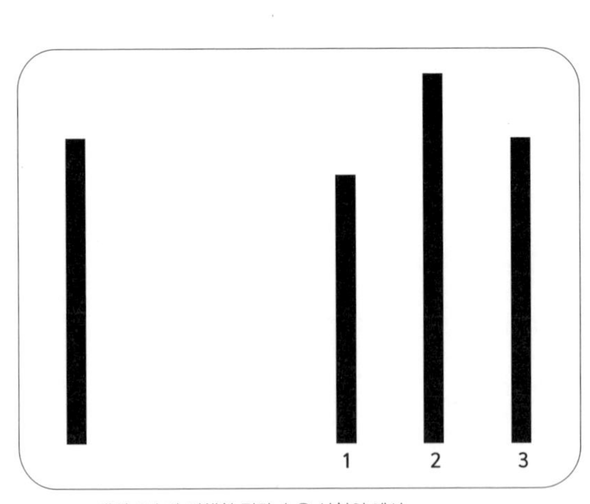

애쉬 교수가 진행한 집단 순응 실험의 예시

이 결과를 두고 한 걸음 더 나아가 질문을 던진 학자가 한 명 있었습니다. 바로 프랑스의 세르주 모스코비치(Serge Moscovici) 교수인데, 그는 선의 길이가 아닌 녹색, 청색의 색깔을 가지고 비슷한 방법론의 실험을 진행합니다. 여러 사람을 모아 놓고 대부분 청색으로 인지하게 될 색깔을 놓고 미리 짜고서 청색이 아니라 녹색이라고 말하게 했는데, 이 사실을 마지막 참가자만 모르고 있는 것이죠. 모스코비치 교수는 마지막 참가자가 어떻게 반응할지를 보고자 한 것입니다.

모스코비치 교수가 진행한 색깔 실험의 예시

여기에서 그는 두 가지 중요한 새로운 발견을 합니다. 첫 번째 발견은 꼭 다수 의견이 아니라 소수 의견일지라 하더라도, 충분한 확신과 반복성을 가지고 주장하면 다른 사람의 의견을 바꿀 수 있다는 소수 영향(Minority Influence)의 가능성에 대한 발견입니다. 두 번째 발견은 다른 사람들이 청색을 모두 녹색이라 말하는 순간, 자신의 의견을 바꾸는 사람이 청색을 녹색으로 인지하게 될 가능성이 생긴다는 겁니다. 즉, 우리의 뇌가 실제로 다른 사람들의 의견에 따라서 색깔을 다르게 인지하게 된다는 거죠. 정말 신기하지 않나요?

그렇다면 왜 다른 사람의 인지가 우리의 인지를 이렇게 바꾸게 만드는 걸까요? 아마도 그 답은 우리의 뇌가 진화해오는 과정 안에 있지 않을까 합니다. 선사 시대의 원시 인류를 한번 상상해볼게요. 원시인이 사냥을 마치고 동굴로 돌아오는데 주변을 둘러보았습니다. 그냥 사방이 낙엽으로 덮여 있네요. 그런데 갑자기 동료 한 명이 외칩니다. "저기 표범 무늬 안 보여?!" 그러더니 급하게 뛰기 시작합니다. 주변에 있는 다른 사람들도 모두 덩달아 뛰기 시작하고요. 이때 자신은 분명 낙엽으로 보았기 때문에 '아냐, 표범 무늬 아니고 그냥 낙엽색인데?'라고 응수하고 가만히 있던 사람이 살아남을 확률이 높았을까요? 아니면 '어… 뭔가 표범 무늬 같아'라고 생각해서 함께 뛰기 시작했던 사람이 살아남을 확률이 높았을까요? 아마도 후자의 경우가 생존 확률이 더 높았다고 생각해요. 그리고 실제로 인류의 뇌가 급격히 진화하며 지능이 발달하던 시기는, 사람들이 함께 모여 살면서 사회성이 매우 중요해지던 시기와 일치합니다. 다른 사람들이 무슨 생각을 하고 있는지 자세히 관찰하고, 자기 생각을 다른 사람들의 생각에 잘 맞출 수 있는 사람이 살아남기에 더 유리했겠지요.

그래서 두 번째 질문에는 이렇게 답할 수 있을 것 같습니다. 우리의 뇌가 사회적 뇌로 진화하여 다른 사람의 생각과 인지가 우리의 뇌에게 매우 큰 의미를 가지게 되었다. 다시 말해 다른 사람을 이해하고 공감하는 능력이 인간에게 가장 중요한 능력 가운데 하나가 되었고, 그 때문에 우리는 늘 다른 사람의 영향을 받게 된 겁니다.

세 번째 질문, 우리의 뇌는 어떻게 다른 뇌와 연결될까?

이제 오늘 강연의 마지막 질문에 다다르게 되었습니다. 앞서 첫 번째 질문에서 우리는 다른 사람을 인지하고 판단할 때 타인의 뇌를 나의 뇌 안에서 시뮬레이션하고 미러링한다고 했습니다. 두 번째 질문에선 우리가 다른 사람의 의견에 쉽게 영향을 받게 된 것이 인류의 뇌가 타인과의 이해, 공감, 교감을 중요하게 여기는 사회적 뇌로 진화해왔기 때문이라고 정리했습니다. 그렇다면 뇌와 뇌를 연결하는 일(Brain-to-Brain-Interface, BBI)은 어떻게 해야 가능할까요?

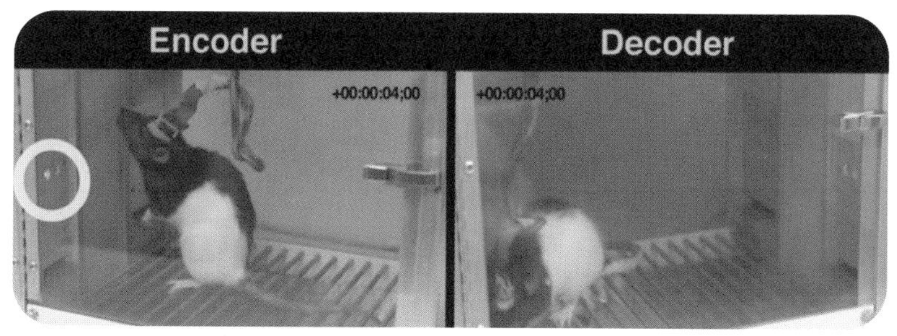

생쥐의 뇌를 연결한 실험 장면

물리적으로 뇌와 뇌를 연결하는 시도는 최근의 몇 년 동안 다양한 방법으로 실험되었습니다. 예를 들어 미국 듀크 대학교의 미겔 니코렐리스(Miguel Nicolelis) 교수는 두 마리의 쥐를 각각 미국과 브라질의 연구실에 두고 뇌에 전극을 삽입해 신호를 주고받을 수 있게 했습니다. 한 쥐가 가지고 있는 정보를 다른 쥐의 뇌에 직접 전달될 수 있는 장치를 실험했고, '왼쪽·오른쪽'과 같은 간단한 정보를 전달할 수 있다는 것을 2013년에 보여줬습니다.

이후 미국 워싱턴 대학교의 라제쉬 라오(Rajesh Rao) 교수팀과 안드레아 스토코(Andrea Stocco) 박사는 더욱 흥미로운 시도를 하였는데, 바로 전극을 삽입하지 않고도 인간을 대상으로 뇌파(EEG) 측정 및 경두개자기자극술(Transcranial Magnetic Stimulation, TMS)을 활용하여 서로 멀리 떨어져 있는 두 피험자의 뇌를 직접 신호로 연결하는 시도였습니다. 이 실험에서는 각기 다른 장소에 떨어져 있는 두 사람의 뇌가 서로 신호를 주고받을 수 있게 연결되었고, 한 사람만 답을 알고 있는 문제를 스무고개와 같은 방식으로 다른 사람이 맞출 수 있게 하는 시도를 하였습니다. 이때, 뇌와 뇌가 연결되어 뇌파를 통한 정보가 전달되면 정답을 맞추는 일이 더

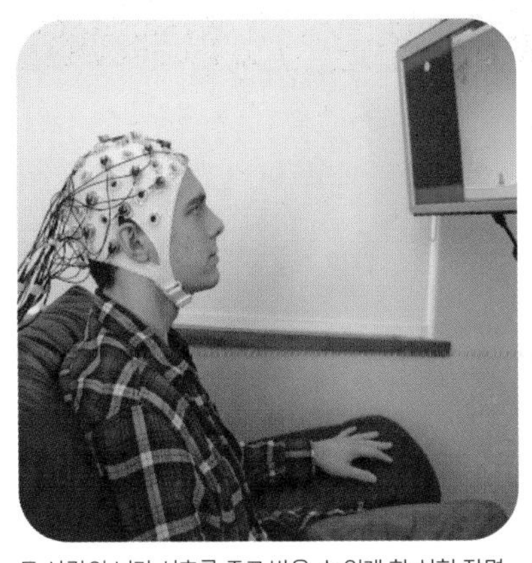
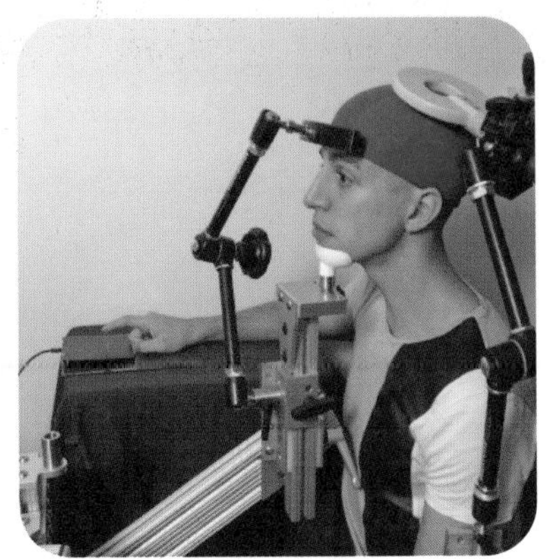

두 사람의 뇌가 신호를 주고 받을 수 있게 한 실험 장면

욱 수월해졌습니다.

이렇게 물리적으로 뇌와 뇌를 연결하여 뇌파를 통한 정보가 전달될수 있게 하는 기술은 언뜻 신기하게 느껴질 수 있겠지만, 사실 자세히 들여다보면 그다지 큰 의미가 없다고도 할 수 있습니다. 왜냐하면 굳이 뇌와 뇌를 복잡하게 기계와 통신 장치를 이용해서 이어주지 않아도 뇌와 뇌가 연결될 수 있는 더 간단한 방법이 있기 때문이죠.

다른 사람과 진정으로 연결되기 위해서

지금까지 제가 말씀드린 여러 내용이 흥미로운가요? 제 강연의 내용을 잘 이해하고 공감하며 제대로 따라오고 있나요? 만약 그렇다면, 제 강연을 듣고 있는 여러분의 뇌는 약 6~7초의 시차를 두고 강연을 하는 제 뇌와 싱크(Synchronization, Sync)되고 있을 가능성이 큽니다.

미국 프린스턴 대학교의 우리 하슨(Uri Hasson) 교수의 연구에 따르면,

서로 성공적인 커뮤니케이션이 이루어지고 있는 사람들의 뇌들끼리는 뇌파까지 싱크되고 있다고 합니다. 세계 각지에서 이루어진 후속 연구들에 따르면 서로 친한 사람들끼리는 뇌파 싱크율이 더 높고, 같은 영화를 보거나 같은 음악을 들을 때도 뇌파가 같은 패턴으로 싱크된다고 합니다. 언어를 통해서 커뮤니케이션을 할 때도, 춤이나 제스처와 같은 움직임을 통한 커뮤니케이션을 할 때도, 뇌와 뇌가 같은 패턴의 뇌파로 싱크되는 겁니다.

뇌와 뇌를 연결하기 위해서는 결국 물리적으로 전극을 삽입하거나, 복잡한 장치를 추가할 필요가 없는 것이지요. 다른 두 사람의 뇌가 서로를 이해하고 공감하는 순간, 멀리 떨어져 있을지라도 두 사람의 뇌가 같은 패턴의 뇌파로 맞춰지니까요. 비유를 들어 말하자면, 마치 서로 다른 두 악기가 아름다운 음악을 함께 만들어내는 순간 음파의 공명이 일어나는 것처럼 말이죠.

우리는 모두 홀로 태어나서 홀로 죽는다고 하죠. 한 개인의 껍질 안에서 끊임없이 외로운 숙명을 안은 채 말이죠. 그런데 우리가 늘 혼자일 필요는 없는 겁니다. 누군가와 마음이 통하고 교감을 해서 같은 생각을 하고, 같은 감정을 느끼며 공감하는 순간, 서로의 뇌파가 같은 패턴으로 싱크되니까요. 멀리 떨어져 있어도 서로 연결될 수 있는

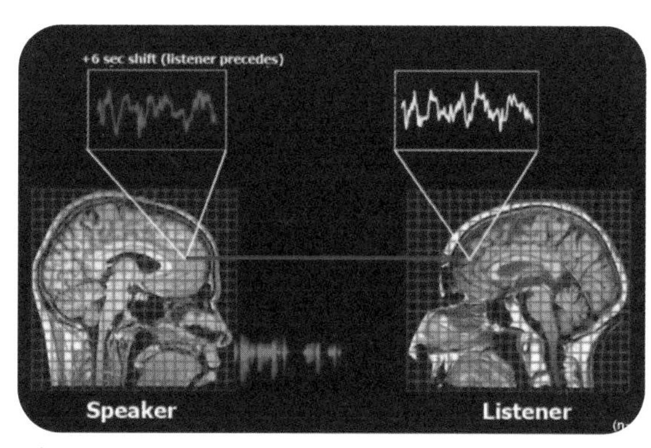

대화를 통해 사람의 뇌파가 싱크될 수 있다.

뇌의 메커니즘이 있는 거죠. 만약 지금 외로운 사람이 있다면 조금은 위안이 되지 않나요?

사람들을 보면, 세상을 살다가 너무 힘들어서 그냥 쓰러져버리고 무너져버릴 것만 같을 때 어떻게 하나요? 심리치료사나 정신과 선생님을 찾아가기도 하고, 목사님이나 신부님께 의지하기도 합니다. 아니면 친한 친구를 만나서 같이 밥을 먹거나 술을 마시며 마음속 이야기를 털어놓기도 합니다. 그렇게라도 하지 않으면 죽을 것 같으니까요. 그런데 그때 공통적으로 일어나는 일이 무엇인지 아세요? 바로 이해와 공감입니다. 심리치료사나 목사님이건, 친한 지인이건, 내 이야기에 고개를 끄덕이며 온 마음을 다해 들어주는 한 사람이 있는 거죠.

"그렇구나. 정말 힘들었겠구나.", "그동안 어떻게 버텼니? 괜찮아, 힘내렴." 이렇게 내 마음을 알아주는 한 사람만 있어도 숨통이 조금 트이고 다시 살아갈 힘을 얻습니다.

누군가가 나를 진심으로 공감해주고 이해해주는 느낌을 받을 때, 그것은 단순히 느낌만이 아닐지도 모릅니다. 그 순간 아마도 우리는 같은 패턴의 뇌파를 통해 서로가 연결되어 있을 테니까요. 그리고 다른 사람을 이해하고 공감할 때, 그렇게 해서 서로 뇌파가 싱크될 때 뇌에서 일어나는 일이 무엇일까요? 바로 치유와 힐링입니다. 모든 치유의 시작점은 바로 상대방의 아픔에 대한 공감과 이해라고 생각해요.

오늘의 마지막 질문에 대한 진짜 답을 드릴게요. 뇌와 뇌를 연결하는 가장 좋은 방법은 바로 공감과 이해를 통해 다른 사람의 뇌파와 싱크하는 것입니다. 그리고 인류가 이러한 능력을 갖추고 있는 이유는 하나입니다. 우리의 뇌가 혼자 행복하기 위한 뇌가 아닌, 함께 행복하기 위한 뇌로 진화했기 때문이지요. 오늘 제 강연을 들은 여러분 모두 이 슈퍼파워를 많이 사용하시고, 많이 행복하시길, 더 많은 사람을 행복하게 하시길 기원합니다!

장동선

독일에서 태어나 독일과 한국을 오가며 성장했다. 독일 콘스탄츠 대학과 미국 럿거스 대학 인지과학연구센터를 오가며 석사를 마친 뒤, 막스플랑크 바이오사이버네틱스 연구소와 튀빙겐 대학에서 인간 인지 및 행동 연구로 사회인지신경과학 분야에서 박사학위를 받았다. 2014년 독일 과학교육부 주관 과학 강연 대회 '사이언스 슬램'에 출전해 우승하면서 이름을 알렸고, 독일 공영 방송 NDR , ZDF 등에서 방영하는 프로그램에도 다수 출연해 뇌과학자이자 과학 커뮤니케이터로서 입지를 다지고 있다. 한국에서는 2017년에 tvN 〈알쓸신잡〉 시즌2의 고정 멤버로 출연해 지적 재미를 선사하기도 했다. 현재 현대자동차그룹 미래기술전략팀장으로 일하고 있으며, 지은 책으로는 『뇌 속에 또 다른 뇌가 있다』, 『뇌는 춤추고 싶다』가 있다.

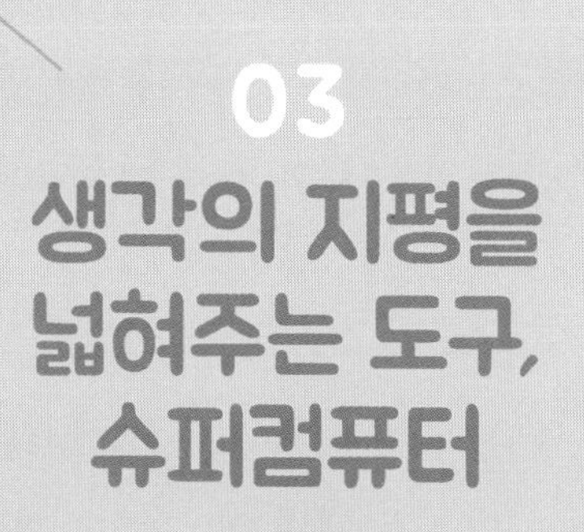

03
생각의 지평을 넓혀주는 도구, 슈퍼컴퓨터

이 식

실험의 새로운 길을 만드는 과학자들

여기 산에 난 오솔길을 걸어가는 사람의 뒷모습이 있습니다. 산길은 인공적으로 낸 게 아니라 사람들의 발걸음에 의해 자연적으로 생겨난 길입니다. 처음에 그 길을 간 사람은 누구였을까요? 분명 새로운 세계에 대한 호기심이 많고 도전정신이 강한 사람이었을 거예요. 한 사람이 걸어가기 시작한 길에 두 번째, 세 번째 사람이 발을 디디고 점점 더 많은 사람이 그 길을 지나면 결국 길은 산의 정상까지 이르고, 정상을 넘어 더 높은 산으로 계속 이어집니다. 두 개의 길이 중간에서 합쳐지기도 하고, 어떤 길은 산 정상까지 닿을 수 없도록 막혀버리기도 합니다. 때론 중간에 다른 사람과 함께 서로 도와주며 가기도 하죠. 도저히 갈 수 없다고 생각했던 길을 몇 년 후에는 갈 수 있게 되기도 합니다.

과학의 진보는 기본적으로 산길을 내는 과정과 비슷합니다. 저 산 너머에 무엇이 있는지 궁금해하는 사람들처럼 과학자들은 왕성한 호기심과 도전 정신을 가지고 아직 가보지 않은 미지의 세계에 계속 도전합니다. 산봉우리를 향해 길을 내듯, 과학자들은 새로운 이론을 만들고 그 이론을 증명하기 위해 실험을 하죠. 때로 과학자들은 실험을 위해 새로운 실험 장치를 만들어내기도 합니다.

실험이라고 하면 아직도 많은 사람이 흰 가운과 비커, 시험관과 시약이 등장하는 실험실을 연상하지만, 20세기 후반부터 컴퓨터 시뮬레이션(모의실험)이 이론과 실험에 이은 제3의 연구방법으로 자리 잡았습니다. 다양한 분야에 적용된 컴퓨터 시뮬레이션 사례와 시뮬레이션을 위한 핵심 도구인 슈퍼컴퓨터에 대해 소개합니다.

컴퓨터 시뮬레이션의 등장

현미경과 망원경은 가장 널리 알려진 과학자들의 실험 장치입니다. 16~17세기에 최초의 망원경과 현미경이 발견되면서 과학자들은 미시 세계와 거시 세계로 첫발을 내딛기 시작했습니다. 광학 기술의 발전에 더해 전자공학과 결합된 현미경은 미생물이나 세포 안의 소기관을 보는 수준을 뛰어넘어 이제는 개별 원자 하나하나를 볼 수 있는 수준까지 발전했죠. 스위스 제네바에 있는 유럽입자물리연구소에 건설된 거대 강입자 가속기에서는 원자의 충돌을 이용해서 원자 안의 극미세 구조를 볼 수 있습니다. 광학 기술, 전파 기술, 인터넷 기술의 발전에 힘입어 망원경 역시 태양계를 벗어나서 먼 은하를 볼 수 있게 되었고, 우주의 생성과 진화, 물질의 근원 등 우주 현상을 관측할 수 있는 수준이 되었죠. X-선과 핵자기공명 장치는 과학 연구를 넘어 인체의 다양한 영상을 촬영하는 데도 활용되고 있습니다. 이처럼 새로운 장치가 발명되고 개량될수록 과학자들이 볼 수 있는 세계는 크게 넓어집니다. 20세기에 등장한 컴퓨터 역시 인간 사고의 지평을 더 넓혀주는 도구로 자리 잡았죠.

저는 시뮬레이션과 슈퍼컴퓨터에 관한 글을 주로 쓰지만, 대학에서 전공한 과목은 화학이었습니다. 슈퍼컴퓨터의 유용성을 설파하러 다니는 지금의 제 모습과 '화학'이라는 학문은 상당히 거리가 있어 보이나요? 강연에서 학부 시절의 전공 이야기를 잠시 하면 "정통 화학 연구가 아니라 슈퍼컴퓨터 분야에서 일하기로 결심한 계기가 궁금하다"라는 질문이 많이 나옵니다. 화학과의 학부에서는 물리화학실험, 유기화학실험, 무기화학실험, 분석화학실험, 생화학실험 등 여러 가지 실험 과목이 많았는

2019년, 현재 세계에서 가장 빠른 슈퍼컴퓨터 '서밋'

데, 개인적으로 그런 실험에 그리 큰 흥미를 느끼지 못했습니다. 대학원에 진학하면서 고심 끝에 당시 주목받기 시작한 '양자화학'으로 세부 전공을 바꾸었죠. 양자화학은 이론화학 또는 계산화학이라고도 불리며 컴퓨터 시뮬레이션의 한 분야이기도 합니다. 양자화학 전공을 간단히 설명하면, 원자와 전자에 대한 양자화학적 방정식을 푸는 일입니다. 이 방정식들은 너무 복잡해서 사람의 손으로는 풀 수가 없죠. 산에서 막다른 길을 포기하고 새로운 길을 찾듯이, 양자화학자들은 양자화학 방정식의 해법에 컴퓨터를 이용하기 시작했습니다.

양자화학 연구는 기본적으로 다른 과학 연구와 큰 차이가 없습니다. 가설을 세우고 여기에 근거해서 컴퓨터를 이용한 복잡한 양자화학 계산을 수행하고, 그 결과를 이론값 또는 실험값과 비교합니다. 만약 두 값 사이에 차이가 생기면, 그 차이가 생겨난 이유를 고민해서 가설이나 모델을 수정하고 같은 계산을 다시 반복하죠. 물리학과 재료공학 연구자에게는 더 고배율의 현미경이, 천문학자들에게는 더 고성능의 망원경이 필요한 것처럼 시뮬레이션 연구자들에게는 더 고성능의 컴퓨터가 필요합니다. 컴퓨터의 성능이 연구의 범위나 한계를 결정짓는 경우가 많기 때문입니다.

시뮬레이션(Simulation)은 '흉내 내다'라는 뜻의 Simulate에서 파생된 단어입니다. 흉내 내기 위해서는 그 대상이 필요합니다. 시뮬레이션에서 가장 먼저 해야 할 일은 연구 대상의 특징과 규칙을 찾아 이를 수식으로 표현하는 것이지요. 이 부분에서 이론과 실험 연구자들이 기여합니다. 일단 수식으로 정의할 수 있으면, 그 이후의 계산은 컴퓨터의 성능에 의존할 수 있습니다.

거대 우주에서 소립자까지 가능한 시뮬레이션

본격적으로 시뮬레이션에 대해 알아보기 전에 유튜브에서 〈Cosmic Eye〉 또는 〈Zoom from Macro & Micro Cosmos〉라는 동영상 중 하나를 봅시다. 제작자가 다르고 영상에서도 조금 차이가 있지만, 근본적인 메시지는 같습니다. 우주처럼 엄청난 크기의 규모부터 원자 안의 쿼크 같은 극미세 구조까지를 관통하는 자연의 아름다움을 보여주는 것입니다. 실제 연구에선 양극단을 동시에 볼 수는 없고 관심 있는 좁은 영역만을 선택적으로 볼 수 있을 뿐입니다. 마치 긴 벽의 중간에 작은 창을 내고 그 창으로 보이는 부분만 자세히 보는 것과 같죠.

인간이 생각할 수 있는 가장 큰 규모의 연구 대상은 우주입니다. 우

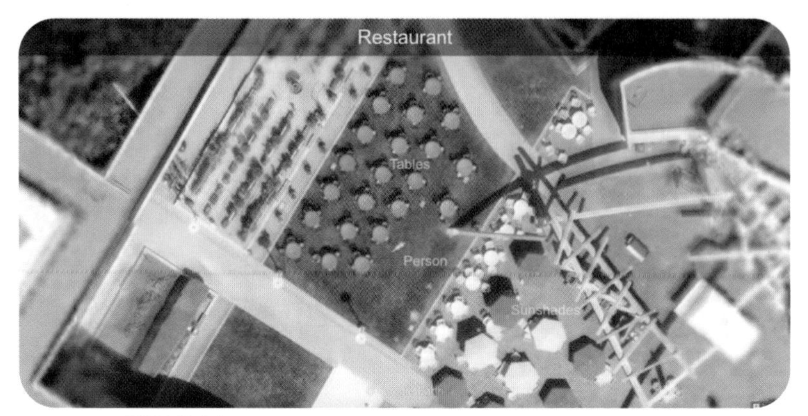

〈Cosmic Eye〉 영상의 한 장면

주의 생성과 진화는 가장 근본적이고 재미있는 연구 주제지만 결정적인 약점을 갖고 있습니다. 인간이 직접 개입하며 실험을 할 수가 없고, 관측에 전적으로 의존해서 연구해야 한다는 점입니다. 그리고 엄청나게 긴 시간에 걸친 변화이기 때문에 과학자가 살아 있는 동안 우주 생성의 전 과정을 관측하는 일도 불가능하죠. 이때 시뮬레이션이 중요한 역할을 합니다. 천체망원경을 통한 관측이나 이론 연구에 기반해서 모델을 세우고 이에 근거한 수식을 컴퓨터를 이용해서 반복적으로 시뮬레이션할 수 있습니다. 연구자들은 시뮬레이션 결과를 실제 이론치나 관측치와 비교해가며 점진적으로 우주에 대한 이해를 넓히게 되죠. 수억 년에 걸친 변화도 컴퓨터로 단 며칠 만에 재현할 수 있고, 조건을 바꿔가며 여러 번 반복할 수도 있습니다. 우주 규모의 시뮬레이션은 규모가 매우 크기 때문에 컴퓨터에서 계산하기 위해선 별 하나가 입자 하나로 극히 단순화되기도 합니다.

일기 예보와 해류의 흐름은 규모 면에서 우주보다는 작지만 여전히 큰

인간이 생각할 수 있는 가장 큰 규모의 연구 대상은 우주다.

규모로 연구해야 하는 분야입니다. 일기 예보와 해류는 기본적으로 기체와 액체라는 서로 다른 상태를 다루지만, 컴퓨터에선 비슷한 방식으로 처리할 수 있습니다. 고체와 달리 기체와 액체는 분자나 원자들이 한 자리에 고정되어 있지 않고 비교적 자유롭게 자리를 바꿀 수 있습니다. 따라서 기체와 액체를 거시적으로 연구할 때는 전체 시스템을 작은 크기의 가상의 상자로 나눈 후, 각 상자의 상태를 밀도와 온도 등으로 기술합니다. 각 상자 간의 밀도 차이와 온도 차이는 양쪽 상자에 모두 영향을 줍니다. 밀도가 큰 부분에서 밀도가 작은 부분으로 물질의 이동이 일어나는 부분은 확산방정식으로, 온도 차이에 따라 상자 사이에서 일어나는 대류 현상이나 열전달 역시 적절한 방정식으로 기술할 수 있습니다. 결과적으로 기체와 액체의 시뮬레이션에선 작은 상자 사이의 확산과 대류 현상 등을 기술한 연립방정식이 수백만에서 수십억 개가 생기고 이를 이용해서 전체 시스템을 연구하죠. 이런 방식으로 기체와 액체에 대해 연구하는 방법을 전산유체역학(Computational Fluid Dynamics)이라고 합니다.

전체 지구를 다룰 때는 작은 상자 변의 길이가 10~20킬로미터 정도고, 지역 날씨처럼 좀 더 세세하게 볼 때는 1~5킬로미터 정도입니다. 상자의 크기를 1/5배로 줄이면 3차원에서는 상자의 개수가 5의 세제곱인 125배로 늘어나기 때문에, 계산의 양이 100배 이상 늘어나게 되죠(실제로는 1,000배 이상 늘어납니다). 정밀한 계산을 위해 상자의 크기를 마냥 줄일 수는 없습니다. 즉, 현재 사용할 수 있는 컴퓨터의 성능을 감안해서 적정선에서 타협해야 합니다. 망원경이나 현미경의 배율이 연구와 관측의 한계를 규정하는 것처럼 컴퓨터의 성능과 메모리의 크기가 계산의 정밀도나 규모를 결정합니다.

연구 대상의 크기를 조금 더 줄여봅시다. 자동차 사이드미러의 공기 저항, 제트엔진에서 연료의 흐름, 혈관 속에서 혈액의 흐름 같은 연구에도 앞에서 언급한 전산유체역학 방법을 그대로 적용할 수 있습니다. 다만, 설정하는 작은 상자의 크기는 일기 예보보다 훨씬 작아져서 연구 대상에 따라 수 센티미터에서 수 마이크로미터로 작아집니다. 상자의 크기와 모양이 항상 같을 필요도 없죠. 중요한 부분은 좀 더 세세하게 작은 상자로 나누기도 하고, 관측 대상의 모양에 따라 정육면체가 아니라 다른 모양으로 자를 수도 있습니다.

고체의 경우에는 레고 블록처럼 처리할 수 있습니다. 자동차, 비행기, 교량, 건물, 기계 등 다양한 물체를 레고 블록으로 만들 수 있는 것처럼 고체로 된 모든 물체는 스프링으로 연결된 블록들로 상정할 수 있습니다. 이렇게 만들어진 고체 모델에 작은 힘을 가하면 상태가 변하지 않지만, 좀 더 큰 힘을 가하면 스프링의 길이가 늘어나거나 구부러진 것처럼 변하게 됩니다. 이보다 더 큰 힘을 가하면 결국 스프링이 끊어지듯 부러집니다. 이를 수식으로 표현한 것이 후크의 법칙입니다. 스프링이 한 개면 $F=k\cdot\triangle x$ (F는 힘, k는 상수, $\triangle x$는 스프링 길이의 변화) 형태의 수식이 한 개 생깁니다. 스프링이 두 개가 연결되어 있으면 $F_1 = k_1\cdot\triangle x_1 - k_2\cdot\triangle x_2$, $F_2 = -k_1\cdot\triangle x_1 + k_2\cdot\triangle x_2$처럼 두 개의 수식이 생기죠. 이런 식으로 계속되어 어떤 고체를 100만 개의 스프링으로 연결된 것으로 생각하면 100만 개의 미지수를 갖는 100만 개의 수식이 생겨납니다. 이런 식으로 고체의 물리적 현상을 거시적으로 연구하려면 수백만에서 수십억 개의 미지수가 포함된 연립방정식을 풀어야 합니다. 실제 연구에서는 변분원리(Variational Calculus)를 이용한 수치해석 방법인 유한요소해석법(Finite Element Method)이 쓰입니다.

크기가 더 작아지면 어떻게 될까요? 미시적 관점에서는 고체, 액체, 기체가 모두 원자로 이루어져 있습니다. 미시적인 영역에서는 원자 하나하나를 고려하며 연구하게 됩니다. 화학과 생물학에서 관심을 갖는 영역으로 원자핵에 있는 개별 양성자와 중성자까지 고려하지는 않고 하나의 원

고체로 된 모든 물체는 블록으로 상정할 수 있다.

자핵으로 처리합니다. 원자가 수천에서 수십만 개 존재하는 고분자나 생체분자의 경우는 고전역학, 즉 뉴턴 역학으로 연구하지만 원자의 개수가 수십 개에서 수백 개로 비교적 적은 시스템의 경우는 더 정확한 양자화학적인 방법이 적용됩니다. 후자의 경우는 양자역학에서 나온 슈뢰딩거 방정식을 컴퓨터를 이용하여 근사적으로 풉니다. 입자들이 아주 빠르게 움직이거나 무게가 무거운 원자의 경우에는 상대성이론까지 함께 고려해야 하기 때문에 수식이 좀 더 복잡해집니다.

이보다 더 작은 경우는 물리학의 영역입니다. 원자핵에 존재하는 양성자와 중성자 간의 핵력을 고려하는 정밀한 계산이 필요하죠. 여기서 더 내려가면 쿼크나 글루온 같은 소립자를 다뤄야 하기 때문에 양자색역학(Quantum Chromo Dynamics)에서 나온 아주 복잡한 수식을 정밀하게 계산하게 됩니다. 해외 슈퍼컴퓨팅센터에서 보유한 슈퍼컴퓨터 자원 중 많은 부분이 이런 근원적인 질문에 대한 답을 찾기 위한 연구에 사용되고 있습니다.

제가 하는 연구는 이런 다양한 크기의 시뮬레이션 중 원자 수준의 연구입니다. 원자 수준의 연구는 화학, 생화학, 재료공학 등 다양한 분야에 적용됩니다. 원자 수준에서의 자연을 연구할 수 있게 된 것은 수학자, 물리학자, 화학자, 컴퓨터공학자 등 많은 사람의 기여가 있었기 때문입니다. 이중 몇몇은 노벨상으로 그들의 공적을 인정받았죠. 1988년의 노벨화학상은 공간에서 전자의 밀도로 고체의 물리적 성질을 기술할 수 있는 이론을 만든 월터 콘(Walter Kohn)과 양자화학적 방법으로 분자를 연구할 수 있는 가우시안(Gaussian)이란 컴퓨터 프로그램을 만든 존 포플(John Pople)에게 돌아갔습니다.

미시적인 영역에서는 원자 하나하나를 고려하며 연구해야 한다.

가우시안 프로그램을 이용하면 분자의 에너지와 구조, 화학 반응을 정확하게 연구할 수 있습니다. 그러나 양자화학적 방법의 특성상 원자의 개수가 수만 개 이상인 고분자에는 적용하기 어려웠습니다. 고분자에 관한 연구를 할 수 있게 이론을 만들고 이를 컴퓨터 프로그램으로 구현한 마르틴 카르플루스(Martin Karplus), 마이클 레빗(Michael Levitt), 아리에 와르셸(Arieh Warshel)은 2013년 노벨 화학상을 공동으로 수상했습니다. 이들은 빛에 노출된 비타민A의 구조 변화, 헤모글로빈의 기능 등을 계산화학으로 연구할 수 있음을 보여주었죠. 이제 계산화학은 신약 개발, 촉매 반응, 생체분자, 신소재 물성, 실리콘 웨이퍼 연구 등에 광범위하게 적용되고 있습니다.

가상세계에서 마음껏 실패할 수 있는 자유

마블에서 만든 영화 〈어벤져스: 인피니티 워〉에서 닥터 스트레인지는 막강한 타노스와의 싸움에서 이길 방책을 찾기 위해 1,400만 605가지 평행우주를 미리 방문해 전쟁의 결과를 알아냅니다. 영화를 본 사람들은 모두 알고 있는 것처럼 오직 한 개의 우주에서만 어벤져스가 이기고 나머지 1,400만 604가지의 경우에는 지는 것이죠. 승리하는 방향으로 싸움을 끌고 가기 위해 닥터 스트레인지는 타노스에게 타임스톤을 줍니다. 이와 같은 이유로 과학 연구에서도 시뮬레이션이 널리 쓰이게 되었습니다. 모의 실험을 통해 가상 세계에서 무수히 많이 실패하는 대신, 현실 세계의 실패를 최소화할 수 있죠. 도시를 건설하거나 항공기를 개발하고, 새로운 약이나 소재를 개발하는 과정에서 많은 실패는 역설적으로 꼭 필요합니다. 이런 실패들이 더 나은 과정으로 이르는 길이 되어주기 때문이죠. 실제 실험이 아닌 가상 공간에서 실패할 수 있는 것이야말로 시뮬레이션의 가장 큰 장점입니다.

현실에서 할 수 없거나 위험한 실험을 대신할 수 있다는 점 역시 시뮬레이션의 또 다른 장점입니다. 중력파를 연구하기 위해 블랙홀을 충돌시키거나 태양계가 만들어지는 과정을 알기 위해 인간이 태양계를 직접 만들 수는 없습니다. 혜성의 충돌이 지구에 미치는 영향을 알기 위해 혜성을 지구에 충돌시키는 일도 불가능하죠. 해저 지진과 쓰나미의 영향을 알기 위해 지진의 세기를 바꾸어가며 실험할 수도 없습니다. 이처럼 실제 실험이 불가능할 경우에 시뮬레이션이 이론을 확인할 수 있는 유일한 방법입니다. 원자력 발전소에 문제가 생겼을 때 주변에 미치는 영향, 수소폭탄이 끼치는 영향 등은 실제로 실험하기에는 너무 위험합니다. 이때 시뮬레이션은 좋은 대안이 될 수 있습니다.

실험 결과의 원인 분석에도 시뮬레이션이 활용됩니다. 예를 들면 세포막에는 크기가 작은 이온은 통과시키지 않고 큰 물분자만 통과시키는 터널이 존재합니다. 상식에 반하는 이런 현상도 컴퓨터 시뮬레이션을 이용하면 바로 눈앞에 일어나는 일처럼 관찰할 수 있습니다. 컴퓨터 시뮬레이션을 통해 얻은 원자와 분자의 움직임을 동영상으로 만들어 관찰한 결과, 세포막에 존재하는 특정 아미노산 때문에 이런 현상이 일어난다는 사실을 알 수 있었죠.

실험과 이론의 동반자 시뮬레이션

실제 연구에서는 이론, 실험, 시뮬레이션이 서로 협력하면서 진행됩니다. 중력파 관측이 좋은 예죠. 아인슈타인의 상대성이론에 따르면, 전하를 띤 물체가 가속운동을 할 때 전자파가 나오는 것처럼 질량을

엔진을 통과하는 공기의 흐름을 보는 시뮬레이션

가진 물체가 가속운동을 할 때는 중력파가 발생해야 합니다. 가속운동을 하는 물체의 질량이 클수록 중력파의 세기도 큽니다. 블랙홀이나 중성자별처럼 질량이 큰 천체가 충돌할 때는 급격한 가속운동이 있고, 결과적으로 더 강한 중력파가 발생합니다. 하지만 이 경우에도 여전히 문제가 있습니다. 물에 돌을 던졌을 때 물 표면에 생긴 파동은 퍼져나가면서 세기가 점점 약해지죠. 중력파도 마찬가지입니다. 지구에서 아주 먼 거리에서 충돌이 일어나기 때문에 지구에 도달한 중력파는 인간이 관측하기에는 그 파장이 아주 작고 세기도 약합니다. 이 때문에 중력파는 100년 이상 이론에서만 존재한 개념이었습니다.

1992년부터 미국 워싱턴 주 핸포드와 루이지애나 주 리빙스턴에 중력파를 관측하기 위한 레이저 간섭계 중력파 관측소(Laser Interferometer Gravitational-Wave Observatory, 이하 LIGO)라는 거대한 실험 장치가 건설되기 시작했습니다. 워낙 정밀한 관측이 필요한 실험 장치여서 여기에 필요한 기초과학과 공학기술이 축적되는 데만 100년의 시간이 필요했습니다. 그렇다고 해서 과학자들이 그동안 손을 놓고 가만히 기다리기만 했던 것은 아닙니다. 이론에 근거한 다양한 수치 시뮬레이션이 진행되었죠. 블랙홀이나 중성자별의 크기, 충돌 속도 같은 다양한 변수들을 바꿔가면서 시뮬레이션을 수행했고, 그 결과로 발생되는 중력파의 성질에 대한 데이터가 쌓여나갔습니다. 실제로 LIGO 실험장치에서 관측될 데이터에 대한 예측이 미리 이루어진 것입니다.

갑자기 날아오는 공보다 미리 날아올 방향이나 속도를 예측할 수 있는 공이 더 받기 쉬운 것처럼, 과학자들은 시뮬레이션을 통해 중력파의 성질을 어느 정도는 미리 알고 있었습니다. LIGO가 가동된 뒤 예상대로 블랙홀 충돌, 중성자별 충돌에 의한 다양한 중력파가 관측되었습니다. 노벨상 선정 위원회는 중력파 관측에 가장 크게 기여한 라이너 바이스(Rainer Weiss), 킵 손(Kip Thorne), 배리 배리시(Barry Barish)에게 2017년 노벨 물리학상의 영예를 안겨주었습니다.

이쯤에서 제 전공인 화학 이야기로 다시 돌아가 보겠습니다. 화학은 물질의 성질과 조성, 구조 변화 및 그 에너지 변화를 연구하는 학문입니다. 원자 또는 분자가 화학적인 변화를 겪는 일을 우리는 화학 반응이라고 부르죠. 수많은 종류의 물질과 화학 반응이 있지만, 공간에서 원자의 위치와 전자의 분포만 알면 모든 화학 성질과 실제 화학 반응을 이해할 수 있습니다. 한 가지 문제라면, 전자의 분포를 정확하게 계산하기가 힘들기 때문에 주어진 컴퓨터의 용량이 허락하는 정도로만 연구가 가능하다는 것입니다.

루이지애나 주 리빙스턴의 레이저 간섭계 중력파 관측소

더 빠르고 큰 슈퍼컴퓨터가 필요한 이유

물론 PC만 가지고도 훌륭한 시뮬레이션 연구를 할 수 있습니다. 그러나 연구자들은 더 정밀하고 다양한 사례와 더 큰 시스템에 대해 연구하고 싶어 합니다. 화학뿐만 아니라 천문학, 기상학, 물리학, 생물학, 공학 등 모든 분야에서 더 정확한 시뮬레이션을 빠르게 수행하기 위해서는 크고 빠른 컴퓨터, 즉 슈퍼컴퓨터가 필요합니다.

영어 접두어 'Super'에는 '크다'와 '뛰어나다'란 의미가 있습니다. '슈퍼'란 단어에서 예상할 수 있듯이 슈퍼컴퓨터는 일반적인 개인용 컴퓨터(Personal Computer, PC)보다 계산 속도가 엄청나게 빠르고, 저장 공간(메모리, 하드디스크)의 용량도 큽니다. 초기의 슈퍼컴퓨터는 PC와는 완전히 다른 구조를 갖고 있었습니다. 국가연구소와 소수의 대기업을 위해 주문형으로 소량 제작되었기 때문에 관련 소프트웨어가 호환되지 않았고, 유

세계에서 가장 빠른 슈퍼컴퓨터 Top500

1년에 두 번(6월 독일, 11월 미국) 전 세계에서 가장 빠른 슈퍼컴퓨터의 순위가 발표된다(www.top500.org). 컴퓨터의 성능을 결정하는 데는 여러 가지 요인이 있는데, Top500에서는 린팩(LINPACK)이라는 행렬 계산을 얼마나 빨리 수행하는지를 비교하여 이 순위를 정한다. 2019년 6월에는 미국의 서밋 슈퍼컴퓨터가 148페타플롭스(PFLOPS), 초당 14경 8,000조 번의 연산을 수행하여 세계에서 가장 빠른 슈퍼컴퓨터로 인정받았다. 컴퓨터의 여러 가지 성능 중 행렬 계산 능력만으로 순위를 매기기 때문에 슈퍼컴퓨터 생태계와 시장을 왜곡한다는 반대도 있다. 그러나 이러한 반론에도 불구하고 Top500에 등재된 슈퍼컴퓨터의 순위가 그 나라의 경제 규모와 산업의 선진화 정도를 잘 반영하고 있다는 점은 부인할 수 없는 사실이다. 최근 들어 전력 사용량이 중요한 이슈로 등장하면서 전력 효율에 따라 순위를 정한 그린500(www.green500.org)도 발표되고 있다.

지·보수도 쉽지 않았죠. 개발 비용과 소요 시간, 유지·보수 비용, 전력 사용량 등의 이유 때문에 최근 들어 슈퍼컴퓨터는 PC를 여러 대 연결하는 클러스터 방식으로 바뀌는 추세입니다. 이제 대부분의 슈퍼컴퓨터에는 가정용 PC와 마찬가지로 인텔, AMD, NVIDIA의 프로세서가 들어 있습니다. 물론 일반적인 PC 프로세서보다 고급품이기는 합니다. 이에 따라 슈퍼컴퓨터의 정의도 다소 바뀌었습니다. 공식적으로 '슈퍼컴퓨터'는 현재 세계에서 가동되는 모든 컴퓨터 중에 가장 빠른 500대를 의미합니다.

컴퓨터에 들어가는 CPU의 동작 속도(Clock Speed)는 2~4기가헤르츠(GHz) 정도입니다. 기가는 10억을 의미하니 2기가헤르츠는 20억 헤르츠(Hz)입니다. 1헤르츠에 CPU 내에서 한 번의 계산이 수행된다고 가정하면 20기가헤르츠면 1초에 20억 번 계산이 이루어지는 셈이죠. 20억 번의 연산은 대한민국 국민 전체가 1분 이상 계산할 일을 1초도 안 되는 짧은 시간에 완료할 수 있는 성능입니다. 그러나 과학자들은 이 정도로도 만족하지 않습니다. 더 큰 계산을 더 빠른 속도로 처리할 수 있는 컴퓨터를 만들기 위한 노력은 지금 이 순간에도 계속되고 있습니다.

그렇다면 컴퓨터의 처리 속도를 높일 수 있는 방법은 무엇일까요? 가

킬로, 메가, 기가, 테라, 페타, 엑사

킬로, 메가, 기가, 테라, 페타, 엑사는 각각 10^3, 10^6, 10^9, 10^{12}, 10^{15}, 10^{18}을 의미한다. 이중 최근 슈퍼컴퓨터에서 많이 사용하는 숫자가 페타, 즉 10^{15}다. 10^{15}는 은하계에 존재하는 별(항성)의 수의 약 3,000배, 지구상에 존재하는 모래 알갱이 수의 7,500분의 1, 태양과 지구 사이 거리의 약 100만 배에 해당하는 엄청나게 큰 숫자다.

장 손쉬운 해결 방법은 CPU의 속도를 빠르게 만드는 것입니다. 실제로 지난 몇 십 년간 CPU의 처리 속도는 수천 배 이상 빨라졌습니다. CPU 제작사인 인텔의 창업주 고든 무어(Gordon Moore)는 '컴퓨터의 성능은 18개월마다 2배씩 향상된다'는 무어의 법칙을 주장했는데, 실제로 이 법칙은 꽤 오랫동안 들어맞았습니다. 그러나 이런 방식은 이제 한계에 도달했습니다. CPU의 동작 속도가 빨라질수록 더 많은 전기가 필요하고 CPU에서는 더 많은 열이 발생됩니다. 과학자들은 전력을 적게 사용하는, 즉 CPU의 동작 속도를 높일 필요가 없는 다른 방법을 찾기 시작했습니다. 바로 컴퓨터에서 실제로 계산을 수행하는 뇌, 즉 코어(Core)의 숫자를 늘리는 방식이죠. 요즘은 PC는 물론이고 휴대전화에서도 코어를 여러 개 갖는 CPU를 사용하고 있습니다. 듀얼(2), 쿼드(4), 헥사(6), 옥타(8) 등으로 계속 코어의 수가 증가하고 있습니다. CPU가 많으면 수십 개의 코어를 갖고 있어서 동작 속도를 늘리지 않고도 수십 배 빠르게 계산을 수행할 수 있습니다.

코어가 수십 개 있는 CPU라 해도 한 대의 기기가 할 수 있는 일에는 한계가 있기 마련입니다. 현재의 슈퍼컴퓨터는 코어를 여러 개 가진 CPU를 수천 개에서 수십만 개까지 연결해서 병렬처리로 더욱 큰 계산을 수

플롭스(FLOPS)

1초에 수행할 수 있는 연산(덧셈, 곱셈)의 수를 의미한다. 예를 들어, 3.141592310543 + 0.23535354354431과 같은 계산을 500기가플롭스의 PC는 1초에 5,000억 번 수행한다. 평균적인 사람은 위의 계산을 10초 정도에 하기 때문에 사람의 계산능력은 0.1플롭스 정도 되는 셈이다. 이 비율대로라면 PC는 계산에 관한 한 사람보다 5조 배 빠른 셈이다.

행합니다. 2019년 6월 기준으로 세계에서 가장 빠른 컴퓨터인 미국의 서밋(Summit)에는 총 241만 4,592개의 코어가 들어 있고, 3위인 중국의 선웨이 타이후라이트(Sunway TaihuLight)에는 총 1,064만 9,600개의 코어가 들어 있습니다. 서밋의 241만 4,592개의 코어 전체가 발휘하는 성능은 148페타플롭스입니다. 전 세계 인구 70억 명이 24시간 내내 쉬지 않고 약 6년에 걸쳐 수행할 덧셈·곱셈 계산을 단 1초 만에 계산할 수 있다는 뜻이죠.

일상생활에서 활용되는 시뮬레이션의 사례

시뮬레이션의 효능은 과학 연구에만 한정되지 않습니다. 수식으로 표현할 수 있는 모든 현상에 대해 시뮬레이션 연구가 가능합니다. 애니메이션 제작사인 드림웍스는 미국 국가경쟁력위원회를 위해 일종의

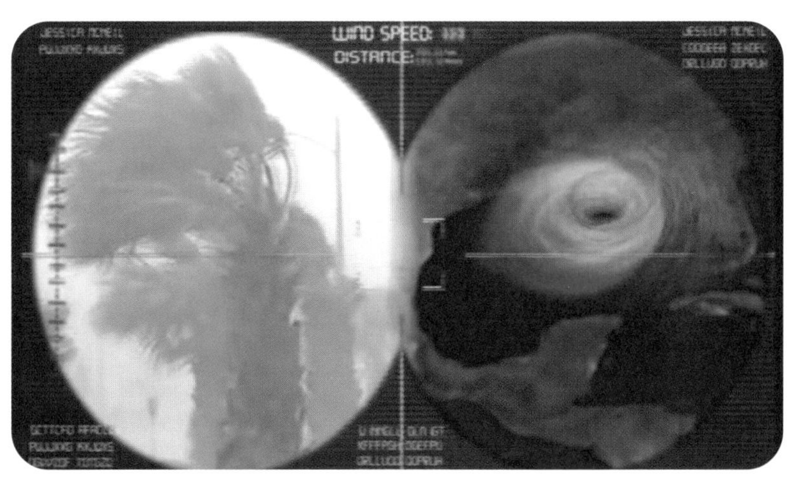

드림웍스에서 만든 슈퍼컴퓨터 홍보 애니메이션의 한 장면

'재능기부'로 좋은 동영상을 만들었습니다. 〈Dreamworks Presents the Power of Supercomputing〉이라는 8분 분량의 이 애니메이션은 슈퍼컴퓨터(영상에서는 'High Performance Computing'으로 나온다)가 국가경쟁력 유지에 어떻게 기여하는지를 쉽게 설명해줍니다. 영상은 산업계나 과학계는 물론이고 유리병 제조나 포테이토칩을 만드는 데 슈퍼컴퓨터가 사용되는 장면들을 인상적으로 보여줍니다.

시뮬레이션은 기업체에서 신제품을 개발할 때 비용과 시간을 절감하게 해줍니다. 항공기 제작사인 보잉사는 80년대에 항공기를 개발할 때 77개의 비행기 날개를 만들어 실험했으나 787 항공기를 개발할 때는 수백 개의 시나리오에 대해 컴퓨터 모의 실험을 거친 후, 실제 비행기 날개는 7개만 만들어 풍동에서 실험을 했습니다. 덕분에 개발 시간과 비용을 크게 절감할 수 있었죠. 자동차 개발도 비슷합니다. 컴퓨터 시뮬레이션을 통해 사전에 자동차의 충돌 안정성, 공기 저항, 엔진 효율, 타이어의 접지 능력 등을 예측할 수 있기 때문에 모형 제작이나 충돌 실험의 횟수를 줄일 수 있습니다. 컴퓨터 시뮬레이션은 극한 환경을 견뎌야 하는 우주왕복선, 급격한 방향 전환 때문에 여객기보다 훨씬 더 튼튼해야 하는 전투기 개발, 어망을 잘 펴지게 하는 추의 모양 결정 등 우리 생각보다 훨씬 다양한 분야에서 쓰이고 있습니다.

시뮬레이션이 많이 쓰이는 분야로 자원탐사를 빼놓을 수 없습니다. 지하에 매장된 자원, 특히 석유를 채굴하기 위해서는 매장량과 정확한 지하 구조를 알아내서 경제성이 있는지 여부를 판단하는 과정이 꼭 필요합니다. 탄성파 탐사 결과를 슈퍼컴퓨터를 이용해 분석하면 경제성 여부를 알 수 있는 것은 물론이고, 실제로 시추공을 박을 정확한 위치까지

슈퍼컴퓨터는 석유 채굴과 같은 자원탐사에도 적극적으로 사용된다.

결정할 수 있습니다. 시추공 하나를 설치하는 비용은 수십억 원에 달합니다. 만약 위치를 틀리게 정하게 되면 비용은 물론이고 엄청난 시간을 더 들여야만 하죠. 유명 석유 회사들이 앞다투어 슈퍼컴퓨터를 도입하고 지진파 연구를 위한 고성능의 시뮬레이션 소프트웨어를 개발하는 이유를 짐작할 수 있습니다.

시뮬레이션은 의약 산업에서도 널리 활용됩니다. 약의 부작용을 없애려면 우리 몸의 특정 세포에만 선택적으로 잘 결합하고 다른 세포와는 반응하면 안 됩니다. 이러한 차이는 모두 약의 3차원적 구조에서 기인합니다. 제약사들은 신약을 개발할 때 수백에서 수천만 개의 후보 물질들이 특정 세포의 수용체와 잘 결합하는지, 다른 곳에는 영향을 끼치지 않는지의 여부를 슈퍼컴퓨터를 이용한 시뮬레이션으로 사전에 실험합니다. 독성 실험에도 같은 방법이 적용됩니다. 이러한 검사 방식을 통해 실제로 임상에서 실험할 후보 물질의 수를 크게 줄일 수 있습니다. 인공 뇌의 연구, 치매의 원인 규명, 심장질환 치료, 동맥 파열의 가능성 예측, 방사능 치료 시 사용할 방사능의 양과 치료할 부위 등의 결정에도 시뮬레이션 연구는 큰 도움을 줍니다.

일상생활에서 시뮬레이션이 기여하는 바를 꼽으라면 열 손가락이 모자릅니다. 일정한 온도를 유지해야 하는 김치냉장고, 냄새를 잘 제거하는 레인지후드, 때를 잘 빼주는 세제, 공기나 물의 저항을 최소화하는 운동복 등이 모두 시뮬레이션 연구를 통해 만들어졌습니다. 실제 우리 생활에 큰 도움이 되는 시뮬레이션으로는 자연재해 대비를 들 수 있습니다. 해일, 홍수, 산불, 토네이도 등의 이동 경로와 이동 시간을 사전에 계산해서 피해에 대비하면 자연재해로 입는 피해 규모가 크게 줄어들죠. 일본 등 지진이 자주 발생하는 국가들은 지진 피해를 막기 위한 연구에 시뮬레이션을 적극적으로 활용하고 있습니다.

생각의 지평을 넓혀주는 시뮬레이션과 슈퍼컴퓨터

컴퓨터 시뮬레이션은 가상 세계에서 마음껏 실패할 수 있는 자유를 줍니다. 위험하거나 불가능한 연구도 가상 공간에서는 얼마든지 가능합니다. 우주 생성 같은 대규모부터 소립자 연구처럼 아주 작은 규모에 이르기까지 다양한 분야의 연구에 시뮬레이션이 널리 쓰이고 있습니다. 이제 시뮬레이션은 실험과 이론에 이은 제3의 연구방법으로 실험, 이론과학자들과 협력하며 인간 사고의 지평을 넓혀주고 있죠. 수만에서 수백만 개의 계산 코어들이 협력하는 병렬처리 방식의 슈퍼컴퓨터는 대규모의 시뮬레이션 연구를 빠르고 정확하게 할 수 있도록 해줍니다. 실험실의 과학자들이나 이용할 거라 생각했던 슈퍼컴퓨터와 시뮬레이션은 일기 예보, 자동차, 냉장고, 영화 등 우리 생활과 밀접하게 연결되어 있습니다.

이 식

KISTI 국가슈퍼컴퓨팅본부 센터장. 서울대학교 화학과를 졸업하고 포항공대에서 이론화학(컴퓨터모델링)으로 박사학위를 받았다. MIT, 케임브리지 대학교, 펜실베이니아 대학교, 에든버러 대학교 등에서 연구원 생활을 했다. 2000년부터 한국과학기술정보연구원(KISTI)에 책임연구원으로 근무하고 있다. 과학 칼럼니스트로 신문과 잡지에 과학기술, 예술, 슈퍼컴퓨터에 대한 글을 쓰고, 대중강연도 열심히 다니고 있다. 과학과 슈퍼컴퓨터와 관련된 TV 프로그램 제작과 언론기사 작성을 자문하고 있으며, 함께 지은 책으로는 『영국 바꾸지 않아도 행복한 나라』, 『명화 속 흥미로운 과학 이야기』, 『슈퍼컴퓨터가 만드는 슈퍼대한민국』, 『헬로 사이언스』 등이 있다.

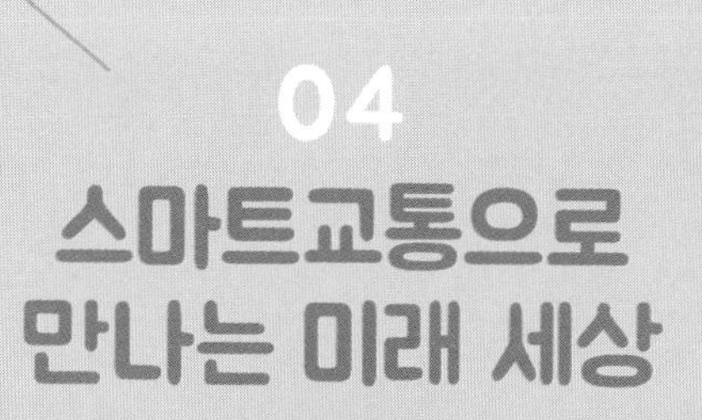

04
스마트교통으로 만나는 미래 세상

한대희

스마트교통이 왜 필요할까?

'교통(Transportation)'은 사람과 화물의 '이동'을 의미합니다. 그래서 공간과 시간을 연결합니다. 우리는 아침에 집을 나선 후 다시 귀가할 때까지 많은 장소를 이동합니다. 이렇듯 우리 삶의 상당 부분을 교통이 차지합니다. 이동은 사람답게 살기 위한 기본권입니다. 그래서 교통은 중요합니다. 안전하고 편리해야겠죠?

『도시의 승리』의 저자인 하버드 대학교의 에드워드 글레이저(Edward Glaeser) 교수는 "도시는 인류의 가장 위대한 발명품이다. 이유는 비싼 토지 이용료보다 도시에 모여 있는 인접성의 이득이 더 크기 때문이다."라고 했습니다. 그러면서 "도시의 장점을 없애는 두 가지는 전염병과 도로의 혼잡"이라고 설명했습니다. 도로가 막혀서 이동에 차질이 생기면 비싼 토지가격을 내면서 도시에 모여 살 당위성이 낮아지기 때문입니다. 이는 이동의 중요성을 설명한 예입니다.

교통의 특징은 도로 위나 버스 안 그리고 지하철 내부 등 한정된 공간에서 일어나기 때문에 이용자가 많아질수록 혼잡해지는 것입니다. 또 다른 특징은 화석 연료를 태우면서 대기 오염물질을 배출하거나, 교통사고와 같은 사회적 비용을 유발하는 것입니다. 그래서 이동이라는 목적을 달성하는 데 사회적 비용이 최소화된 체계가 경쟁력 있는 교통입니다.

장소를 이동하면서 유발된 혼잡이나 교통사고 등 사회적 비용을 줄이고 이용자의 편리성을 높이고자 하는 것이 '스마트교통'입니다. 좁은 범위의 정의로는 정보통신기술(Information Communication Technology, ICT)을 활용한 교통시스템을 의미합니다. 보통은 좁은 범위의 정의를 스마트교통이라 부릅니다. 넓은 범위의 정의는 교통 비용을 낮추거나 편리성을 높이기 위한 법규, 물리적 시설물 등 모든 방법이 여기에 해당됩니다.

우리나라 교통체계의 발전

우리나라의 1인당 국민소득은 1963년에 104달러였습니다. 14년 후인 1977년에 약 열 배인 1,000달러를 돌파했습니다. 17년 후인 1994년에는 이보다 열 배인 1만 달러를 돌파했습니다. 그로부터 12년 후인 2006년에 2만 달러를 돌파했고, 2017년 기준으로 2만 9,745달러를 기록했습니다. 아래에서 언급할 교통 분야의 업적은 연대로 보았을 때, 우리나라의 1인당 국민소득이 2만 달러에 진입할 때까지 이룩한 것으로 볼 수 있습니다.

고속도로는 국가의 주요 지역을 연결하는 국가 대동맥입니다. 우리나

경부고속도로 개통 사진

라 고속도로의 역사는 불과 50년밖에 되지 않았습니다. 서울과 부산을 연결하는 416킬로미터의 경부고속도로는 1968년에 착공해 2년만인 1970년에 개통했습니다. 이 고속도로는 한일기본조약으로 얻은 차관과 베트남 전쟁 파병의 대가로 미국에서 받은 자금으로 건설했습니다. 경부고속도로 개통 이전에는 낙후된 도로로 인해 서울에서 부산까지 15시간 정도나 걸렸는데, 개통 이후에는 5시간 이내로 단축되어서 사람과 화물 수송의 경쟁력 확보에 큰 역할을 하였습니다. 본격적인 고속도로 건설은 이렇게 시작됐지만, 불과 약 50년 후인 2017년 기준으로 4,717킬로미터의 고속도로가 전국을 사통팔달 연결하고 있습니다.

고속도로 이외에도 고속철도와 일반철도가 전국을 연결하고 있습니다. 우리나라 철도 역사는 고속도로보다 일찍 시작됩니다. 인천 제물포와 서울 노량진을 연결하는 경인선 일부 구간을 주한미국전권공사겸 기업가인 제임스 모스(James. R. Morse)가 1897년에 착공하였으나 자금난으로 일본의 경인철도합자회사에 양도되어 1899년에 개통됐습니다. 1904년에 러-일 전쟁이 일어나자 일본은 전쟁 물자를 실어 나르기 위한 남북 종단 철도가 필요해 경부선(서울-부산)을 1905년에 개통하고, 경의선(서울-신의주)을 1908년에 개통해 경부선과 연결했습니다. 이렇게 시작된 철도 건설은 한국고속철도(KTX) 건설로 새롭게 도약했습니다. 2004년 1월, 경부 KTX 1단계 개통을 시작으로 2011년에는 서울과 부산을 2시간 1분에 연

경인선 개통 당시의 객차

결하는 고속철도가 완성되었습니다. 우리나라는 2004년 기준으로 일본 신칸센(1964), 프랑스 TGV(1981), 독일 ICE(1991), 스페인 AVE(1992)에 이어 세계에서 다섯 번째로 고속철도를 운영한 나라가 되었습니다.

KTX

그리고 세계 최고의 국제공항이 하늘길을 열고 있습니다. 인천국제공항은 인천광역시에 위치한 국제선 전용 공항입니다. 인천국제공항 설립 전에 우리나라 관문 역할을 하던 김포국제공항은 서울의 인구 밀집 지역에 위치하고 있어 24시간 운영할 수 없었고 활주로를 확장할 수도 없었습니다. 증가하는 국제선 수요 처리를 위한 기능 개선도 어려웠던 탓에 1992년부터 영종도와 용유도 사이의 간석지를 매립하는 방식으로 부지를 조성해 공항을 건설했습니다. 인천국제공항은 2029년까지 총 5단계로 건설할 계획인데 현재는 3단계가 완성된 상태입니다. 2001년에 개통한 이후 2019년 기준, 84개의 항공사가 취항하고 180개 도시와 연결된 세계의 허브(Hub) 공항입니다. 인천공항은 세계 공항서비스 평가에서 2005년부터 2016년까지 12년 연속 1위를 수상할 만큼 동북아 지역의 핵심 공항으로 꼽히고 있습니다.

인천국제공항 제1여객터미널

부산항

마지막으로 물동량이 많은 큰 항만이 있습니다. 부산항은 부산광역시에 위치한 우리나라 최대의 무역항입니다. 강화도조약에 의해 1876년에 부산포라는 이름으로 개항했습니다. 2016년 기준 규모로는 세계 9위, 2018년 기준 컨테이너 항만 물동량(2,159만 TEU)으로는 세계 6위에 꼽히는 무역항입니다. 부산항은 한반도 종단철도가 연결되면 경쟁력이 더 높아질 것으로 예상합니다. 아메리카 대륙에서 싣고 온 컨테이너를 부산항에서 철도로 옮겨 싣고 북한을 통과하여 시베리아 횡단철도 TSR을 통해 유럽으로 이동하면, 대형 선박으로 직접 이동할 때보다 많은 시간과 비용이 절감되기 때문입니다.

앞으로 해결해야 할 과제

이렇듯 우리나라의 교통 인프라는 세계적으로 우수합니다. 그렇다면 '안전'도 과연 그럴까요? '메르스(중동호흡기증후군)'라는 질병을 기억하

TEU

TEU(twenty-foot equivalent unit)는 20ft(약 6.096m) 길이의 표준 컨테이너 크기를 기준으로 만든 단위로, 컨테이너선이나 컨테이너 부두 등에서 주로 쓰인다. 배나 기차, 트럭 등의 운송 수단간 용량을 표준 컨테이너 크기와 비교할 때 용이하다.

실 겁니다. 2015년 5월에 시작돼 그해 모든 국민을 공포에 떨게 한 무서운 질병이었습니다. 2015년 12월 23일 자정을 기해 공식적으로 종식됐는데, 그전까지 메르스에 총 186명이 감염되었으며 38명이 사망했습니다. 이 당시 우리나라는 전국이 비상 상황이었습니다.

여러분께 질문 하나 해볼게요. 매년 우리나라 국민 약 4,000명 정도를 사망에 이르게 하는 질병이 있다면 어떻게 대처해야 할까요? 단순 계산으로 메르스의 한 해 사망자 수보다 20배가 넘기에 메르스 때보다 20배 이상의 노력을 기울여 대처해야겠죠. 대체 어떤 병이기에 이토록 심각할까요? 그 병은 바로 교통사고입니다. 과거보다 많이 줄었음에도 불구하고 2017년도 기준으로 4,185명, 2018년도 기준으로 3,781명이 교통사고로 사망했습니다.

우리나라의 교통안전 수준은 경제력에 비해 낮은 편입니다. 선진국으로 구성된 OECD(경제협력개발기구) 가입국 35개 국가 가운데, 우리나라는 교통사고가 가장 많이 발생하는 나라입니다. 심지어 우리나라보다 경제력이 낮은 국가보다 교통사고로 인한 사망자가 많습니다. 그래서 우리나라가 진정한 선진국이 되려면 우선 교통안전 분야가 선진화되어야 한다는 말이 나오게 되었습니다.

그리고 우리나라 자동차 대부분이 휘발유와 경유, 그리고 LPG와 같은 화석 연료를 사용합니다. 그러다 보니 수송 부문의 에너지 사용 비율과 온실가스 배출량이 우리나라 전체의 약 20퍼센트를 차지할 정도로 비중이 매우 높습니다. 화석 연료를 덜 사용해서 오염물질 배출량을 줄일 수 있는 환경친화적인 교통체계가 필요합니다.

자동차가 많아지면 왜 문제일까?

도로에 나가보면 지나가는 자동차들이 참 많죠? 우리나라의 자동차 등록 대수는 2017년 기준 2,180만 3,000대로, 인구 1,000명당 425대를 보유하고 있습니다. 인구 1,000명당 보유 수로 세계 37위에 해당하는 순위입니다. 이 기준으로 1위 미국은 837대, 10위 이탈리아는 705대, 20위 일본은 597대, 21위 독일은 596대, 23위 프랑스는 585대입니다. 경제적으로 선진국들이 높은 순위를 차지하고 있으니 우리나라도 경제가 더욱 발전하면 자동차 보유 수가 늘어날 것이라고 예상할 수 있습니다. 그러나 자동차 증가가 좋은 것만은 아닙니다. 자동차 때문에 많은 사회적 비용이 발생하기 때문입니다.

도로 위를 주행하는 승용차 안에 몇 명이 타고 있는지 살펴본 적 있나요? 관련 조사에 의하면 국내의 약 70퍼센트의 승용차가 운전자 혼자

시내버스·자전거·승용차의 도로 점유 비교

타고 있는 나 홀로 차량입니다. 승용차는 도로 공간을 많이 차지합니다. 참고 사진은 교통수단별로 얼마나 도로 공간을 사용하는지 비교한 것입니다. 승용차 48대의 승객(나 홀로 운전자)은 시내버스 1대로 수송할 수 있고 승용차 48대의 공간에 버스는 21대, 자전거는 255대가 들어간다는 의미입니다.

승용차는 주차장이나 다른 장소에 정지된 상태로 대부분 시간을 보냅니다. 이런 승용차를 위해서 그동안 도로와 주차장 건설에 많은 투자가 있었지만, 증가하는 승용차를 따라갈 수 없어서 도로가 계속 막힙니다.

'승용차 패러독스(Paradox, 역설)'라는 말이 있습니다. 승용차는 개인에게 편리하고 효율적인 교통수단입니다. 그런데 사람들이 승용차를 많이 사용하면 할수록 도시는 비효율적으로 변합니다. 도로가 혼잡해지고, 에너지를 많이 사용하는 만큼 온실가스 배출량도 늘어나기 때문입니다.

그래서 많은 사람이 모여 사는 도시에서는 대중교통이 잘 발달되어 있어야 합니다. 대중교통은 많은 사람을 태울 수 있으므로 도로의 혼잡이 줄어들 뿐만 아니라 대중교통을 이용하기 위해선 어느 정도 거리를 걸어야 합니다. 또 필요하면 자전거도 타게 되므로 도시에 사는 사람들이 승용차를 이용할 때보다 더욱 건강해지고 환경적으로 쾌적한 도시가 되도록 합니다.

자가용이 없어도 될 만큼 편리해야 할 대중교통

대중교통은 시내버스나 지하철처럼 정해진 노선과 시간표, 운임으로 운행하는 공공 교통수단을 의미합니다. 시민의 '이동권'을 보장하는 역할도 하므로 시민의 발이라고 부릅니다.

대중교통은 얼마나 편리해야 할까요? 다음 그림은 독일 베를린에서 운행되는 노면전차 트램(Tram)이라는 교통수단입니다. 트램은 유럽 등 해외 도시에서 많이 활성화되어 있고, 우리나라도 2025년에 대전에서 트램을 운행할 예정입니다. 저렴한 요금으로 어디서나 탈 수 있고, 사진처럼 유모차를 끄는 여성이 안전하고 편리하게 이동할 수 있는 정도면 최고 수준의 대중교통 서비스라고 할 수 있을 것입니다.

독일 베를린에서 운행되는 트램

소유하지 않고 나눠 쓰는 공유교통

공유경제는 상품이나 생산설비, 서비스 등을 개인이 소유하지 않고 필요한 만큼 빌려 쓰거나 필요 없는 경우 타인에게 빌려주는 협력·공유의 형태로 정의됩니다. 공유교통은 같은 원리로 교통수단을 소유하지 않고 빌리는 것입니다. 스마트폰, 소셜네트워크 등 IT기술의 발달로 나타난 새로운 서비스입니다. 공유교통이 가장 활성화된 서비스가 자동차 공유(Car sharing)와 공공자전거(Public Bike)입니다.

자동차 공유서비스는 스마트폰을 이용해 자동차를 빌려 사용하고 정해진 장소에 반납하는 서비스입니다. 대중교통이 편리해서 평소에는 불편 없이 살 수 있더라도 개인 자동차가 꼭 필요할 때가 있습니다. 가족 여

프랑스 파리의 자동차 공유 서비스 오토리브

행을 한다거나 많은 물품을 날라야 할 때가 그런 경우입니다. 하지만 일 년에 몇 번 사용하는 것 때문에 자동차를 보유한다는 것은 경제적으로 비효율적인 일입니다. 구매비와 보험, 세금처럼 차량을 운행하지 않더라도 들어가는 비용이 많기 때문입니다. 그래서 이런 비용 부담에서 벗어날 수 있는 '자동차 공유 서비스'가 탄생했습니다.

주차 비용이 비싸서 자동차 소유가 쉽지 않은 유럽에서는 자동차 공유 서비스가 활성화돼 있습니다. 스마트폰 앱으로 가장 가까이 있는 스테이션 위치를 찾아서 이용하면 됩니다. 비용도 비싸지 않으므로 자가용이 필요할 때 가끔 이용하면 굳이 자동차를 소유하지 않아도 됩니다. 국내에서도 자동차 공유 서비스 이용이 증가하고 있습니다. 자동차에 대한 사람들의 인식이 '소유'에서 '공유'로 점점 변하고 있기 때문입니다.

두 바퀴로 이동의 자유를 누릴 수 있는 공공자전거 서비스도 국내와 해외에서 확대되고 있습니다. 공공자전거는 무인대여 시스템에서 스마트폰이나 교통카드 등을 이용해 대여합니다. 사용 후에는 가장 가까운 스테이션으로 반납하면 됩니다.

서울, 대전 등 국내 여러 도시에서 공공자전거를 볼 수 있습니다. 따릉이(서울), 타슈(대전) 등이 공공자전거의 대표적인 이름입니다. 우리나라의 공공자전거는 도입 초기에 파리의 벨리브를 벤치마킹해 운영했습니다. 벨리브(Vélib)는 프랑스어로 자전거를 뜻하는 벨로(Vélo)와 자유를 뜻하는

대전의 공공자전거 타슈

리베르테(Liberté)의 합성어입니다. 2007년 7월 15일부터 서비스를 시작한 벨리브는 파리 시민과 관광객 이동에 큰 도움이 되었기 때문에 금세 사랑받는 서비스가 되었습니다.

최근에는 거치대 없는 방식의 공공자전거가 민간에서 공급되고 있습니다. 거치대가 없으므로 스마트폰 앱으로 위치를 찾아 이용하고 자전거를 반납할 때도 도로 아무 곳에나 세워두면 됩니다. 우리나라에서는 수원시에서 이 같은 서비스를 시작했습니다. 거치대 없는 공공자전거는 반납이 편리하다는 장점이 있지만, 이용자가 잘못 이용하게 되면 단점이 됩니다. 아무 곳에나 세워둔 자전거는 보행자의 통행에 방해되거나 미관상으로도 좋지 않기 때문입니다.

국내 또는 해외로 여행을 갔을 때 공공자전거로 도시를 둘러보는 일정을 가져보시길 바랍니다. 자전거를 타면 걸어서는 갈 수 없고, 자동차를 타면 스쳐 지나가는 사람들의 삶, 도시의 속살(골목길 등)을 볼 수 있습니다.

공해 배출 없는 전기자동차

전기자동차는 내부에 있는 배터리를 충전해 운행하는 자동차를 의미합니다. 전기자동차는 내연기관 자동차보다 먼저 고안되었으나 내연

기관 자동차와 경쟁에서 밀려 시장에서 사라졌다가 최근 다시 관심을 받고 있습니다.

1830년부터 1840년 사이에 영국 스코틀랜드의 사업가 로버트 앤더슨(Robert Anderson)이 전기자동차의 시초라고 할 수 있는 세계 최초의 원유 전기마차를 발명했습니다. 1900년경에는 휘발유자동차, 증기자동차 등 다른 방식의 자동차보다 더 많이 팔렸습니다. 전기자동차의 기본 가격은 1,000달러 이하였으나 내외장재를 값비싼 재료로 화려하게 장식한 3,000달러가 넘는 제품들이 출시돼 상류층이 주로 구매했습니다.

하지만 1920년대에 미국 텍사스에서 원유가 대량으로 발견돼 휘발유 가격이 급락하고, 자동차회사 포드의 혁신 기술로 인해 휘발유자동차의 가격 또한 500~1,000달러 정도로 많이 떨어집니다. 전기자동차가 평균 1,750달러에 팔릴 때 휘발유자동차는 평균 650달러에 팔렸습니다. 그러다가 1930년대 들어서서 전기자동차는 비싼 가격, 무거운 배터리 중량, 충전 소요시간 등의 문제 때문에 자동차 시장에서 사라지게 됩니다.

1990년대에 들어서자 내연기관 자동차에 의한 '환경 문제'가 대두되고, 2000년대는 고유가와 배기가스 규제 강화 등으로 전기자동차가 다시 활약할 수 있는 환경이 조성됐습니다. 여기에 과거 전기자동차의 최대 단점이었던 충전의 불편함과 짧은 주행거리 문제를 혁신적으로 개선한 '테슬라 모델S'가 출현하면서

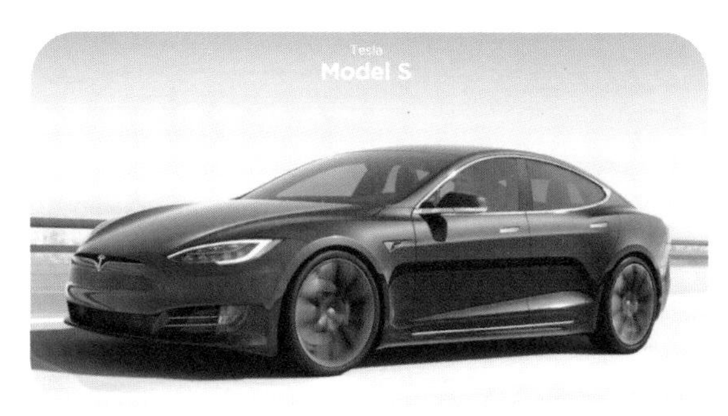

테슬라 모델S

전기자동차가 다시금 세상의 주목을 받고 있습니다.

전기자동차는 대체로 주행거리가 짧은 편이어서 충전이 매우 중요합니다. 천천히 충전하는 완속(Slow) 방식은 전 세계적으로 하나의 표준이 있습니다. 급속(Fast) 충전 방식은 DC 차데모, DC 콤보, AC 3상 방식 등 다양한 표준이 있습니다. 최근에는 별도의 충전기 없이 자동차가 주차해 있거나 주행할 때 도로 바닥에서 충전이 되는 무선(Wireless) 충전 방식이 활발히 연구되고 있습니다.

도로 바닥을 통한 무선 충전 방식의 실험 장면

자율주행 자동차

영화처럼 자동차 스스로 운행하는 자율주행차 시대가 성큼 다가왔습니다. 자율주행의 개념은 1960년대 독일의 벤츠사를 중심으로 제안됐습니다. 이후 1990년대에 들어 컴퓨터 기술이 발전하며 본격적으로 연구되기 시작했습니다. 현재는 IT기업 구글의 자율주행차가 기술이 가장 앞서 있다는 평가를 받고 있습니다. 특이한 점은 구글은 인간에 의한 교통사고를 줄이기 위해 자율주행차를 개발한다는 것입니다. 운전자의 부주의에 의한 교통사고가 전체 교통사고의 약 95퍼센트를 차지한다는 점에 착안한 것입니다.

자동차가 스스로 판단하여 자율적으로 운행하려면 어떤 기술이 필요할까요?

구글의 자율주행차 웨이모

첫째, 자동차가 주변 상황을 인지할 수 있는 센서 기술입니다. 카메라, 레이더(Radar), 라이다(Lidar) 등이 대표적인 센서입니다. 카메라는 영상을 통해 차선, 교통표지판, 교통신호 정보 등을 인식합니다. 레이더는 탐지한 물체의 종류는 알 수 없지만, 야간이나 악천후 상황에서 사용할 수 있고 측정 길이(약 250미터)가 길다는 장점 때문에 카메라를 보완하는 센서로 사용됩니다. 라이다는 주변 환경을 3차원으로 인지하게 해주는 센서입니다.

둘째, 정밀지도 기술입니다. 자율주행을 위해서는 50센티미터 이하의 정확도가 확보되어야 합니다. 기존의 내비게이션 지도와 비교하면 용량이 매우 크기 때문에 저장, 활용, 업데이트가 어렵습니다. 그래서 기본적인 지도는 차량 내부에 탑재하고, 현재 상황을 실시간으로 업데이트하는 기술이 필요합니다.

셋째, 위치 파악 기술입니다. 자동차가 어디에 있는지를 알아야 상황에 맞게 작동할 수 있습니다. GPS(Global Positioning System)는 범용적인 위치 파악 기술이지만 위성 궤도 오차, 대기권 전파 방해 등으로 10미터 이상의 오차가 발생할 수 있으므로 자율주행 기술로는 부족합니다. 그래서 GPS를 보강하는 DGPS나 차량의 가속도, 각속도 센서 등을 이용하여 위치를 계산하는 방법 등 다양한 방법이 고안되고 있습니다.

넷째, 인공지능 기술입니다. 인간의 개입 없이도 안전하게 운행할 수 있도록 강화학습(Reinforcement Learning) 기술이 개발되고 있습니다. 이세돌 9단과 경기를 벌였던 알파고의 핵심 기술이 강화학습이었습니다. 알파고는 강화학습에 기반해 바둑 두는 방법을 스스로 터득해 인간과의 대결에서 승리하였습니다. 최근에는 차량 주변의 사물들을 개별적으로 인식하는 데 그치지 않고, 각 사물의 관계를 상대적으로 인지하는 기술도 개발되고 있습니다.

다섯째, 통신 기술입니다. 자율주행 자동차가 스스로 감지하고 판단하여 운행하더라도 도로 위 모든 상황을 알 수 없습니다. 그리고 자율주행 자동차에 고장 등이 발생했을 때 조치사항도 필요합니다. 현재 도로에 설치된 통신 장치를 통해 자동차에 전방의 교통사고 정보 등을 전달하는 기술이 개발 중입니다. 자동차의 고장이나 이상 상황 등을 관제센터에서 감시하고 필요시에는 응급조치를 취할 수 있도록 해주는 통신 기술이 필요합니다.

자율주행 자동차는 여러 장점을 갖고 있습니다. 운전자에 의한 잘못된 운전이나 교통사고를 줄일 수 있습니다. 시각장애인이나 노약자도 자율주행 자동차로 이동할 수 있으므로 인류의 이동권이 전반적으로 상향될 수 있습니다. 주문형 서비스를 통해 자동차를 소유하지 않더라도 이동할 수 있습니다. 도로를 넓히지 않더라도 용량(Capacity)을 높일 수 있습니다.

더불어 몇 가지 논란도 있습니다. 첫 번째는 최근에 자율주행 자동차 교통사고가 잇달아 발생하면서 "정말 안전한가?"라는 질문이 제기되고 있습니다.

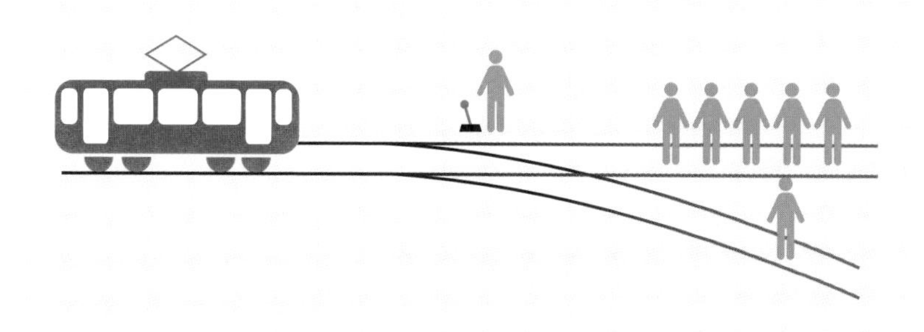

트롤리 딜레마

둘째, 윤리적 문제에 대한 논의가 해결되어야 합니다. '트롤리 딜레마(Trolley Dilemma)'라고 들어보셨나요? 트롤리 딜레마는 영국의 윤리철학자인 필리파 푸트(Philippa R. Foot)가 1967년에 처음 제시한 개념입니다. 제시된 상황은 이렇습니다. 트롤리 기차가 높은 속도로 달리던 중 브레이크가 고장 났습니다. 레일 위에는 인부 다섯 명이 일하고 있습니다. 트롤리가 이대로 달리면 인부 다섯 명은 반드시 죽습니다. 레일 변환기로 기차의 방향을 바꿀 수 있는데, 다른 레일 위에도 한 명의 인부가 일하고 있어 사고를 피할 수 없습니다. 이런 상황에서 자율주행 자동차에 어떻게 프로그래밍을 해야 할까요?

셋째, 택시나 버스 기사 등 사람의 일자리가 줄어든다는 우려가 있습니다.

끝으로, 해킹에 의한 테러 우려가 있습니다. 자동차를 해킹해서 고의로 사고를 낼 수 있기 때문입니다.

작은 자동차

승객이 1~2명 타는 초소형 자동차는 토요타의 아이로드(i-Road)나 르노의 트위지(TWIZY) 등이 대표적입니다. 아이로드는 2013년 제네바 모터쇼에서 처음 소개됐습니다. 출력 2.7마력의 전기자동차로, 1회 충전으로 50킬로미터를 주행할 수 있고, 최고 속도는 시속 45킬로미터입니다. 트위지는 2012년 생산된 전기자동차로, 1회 충전으로 50~100킬로미터 정도 주행할 수 있습니다.

승용차는 많은 시간을 주차장에 세워두는 교통수단입니다. 차량의 크기는 4~5인승이 대부분입니다. 그러나 실제 탑승 인원은 운전자 한 명인 경우가 대부분입니다. 한 사람이 너무 많은 공간을 사용합니다. 매우 비효율적이죠? 한두 명만 탈 수 있는 작은 규모의 자가용 승용차가 있다면 좁은 골목길도 지나갈 수 있고 주차장도 적게 필요하므로 도시교통 문제 해결에 큰 도움이 될 것입니다.

토요타의 아이로드

르노의 트위지

하늘을 나는 자동차

플라잉카(Flying Car)는 필자가 어릴 적 공상과학 영화에서나 보던 꿈의 교통수단입니다. 그러나 이제는 현실에서 만날 날이 가까워지고 있습니다. 보잉, 에어버스, 아우디, 벤츠 등 세계적인 기업들이 드론 택시 상용화에 적극적으로 투자하고 있기 때문입니다.

플라잉카는 이륙과 착륙 방식에 의해 크게 두 가지로 나눠집니다.

첫 번째는 경비행기처럼 활주로를 이용해서 뜨고 내리는 방식입니다. 경비행기 방식은 땅에서는 날개를 접고 자동차로 운행하다 하늘을 날 때는 날개를 펴서 납니다. 자동운전은 안 되고 비행사 자격증이 있어야 운전할 수 있습니다. 네덜란드 기업 팔브이(PAL-V)가 개발한 리버티(2021년 인도 예정, 5억 1천만 원~8억 5,200만 원), 중국의 테라푸지아(Terrafugia)가 개발한 트랜지션(2025년 출시 예정)이 대표적입니다.

두 번째 방식은 드론이나 헬리콥터처럼 프로펠러를 이용해서 수직으로 이착륙하는 방식입니다. 활주로가 필요 없고 자동운전이 되는 특징이 있습니다. 우버(Uber)에서 발표한 우버 에어가 대표적인데, 스마트폰으로 부르는 하늘을 나는 택시입니다. 2023년에 상업 서비스를 한다고 발표된 바 있습니다. 이를 위해서 호주 멜버른, 미국의 댈러스 및 로스앤젤레스에서 시

하늘을 나는 택시 우버 에어

험운행을 합니다.

우리나라 정부는 2023년 시범서비스를 목표로 드론 운행을 준비하고 있습니다. 이를 위해서 하늘의 드론 길인 드론 공역을 확보하는 방안, 5세대 이동통신, 클라우드와 인공지능을 활용한 드론 교통관제 시스템 등 개척해 나가야 할 일들이 많이 있습니다. 드론 택시가 상용화되면 도시의 혼잡을 피해 이동 시간을 크게 단축할 수 있습니다.

세상을 바꾸는 교통수단

미래의 교통수단에 우리가 관심을 갖는 이유는 무엇일까요? 자동차가 바뀌고 교통수단이 바뀌면 세상이 변하기 때문입니다. 이용자는 새로운 서비스를 경험하고 편리성이 좋아집니다. 교통수단을 만드는 생산자에게는 새로운 비즈니스 기회와 성장할 수 있는 동력이 됩니다. 기업에 일거리가 생기고 이윤도 증가하며 새로운 일자리가 생기기 때문에 개인, 기업, 정부 모두에게 중요합니다. 그래서 주요 선진국과 교통 대기업들은 미래 교통수단 개발을 위해 많은 투자를 하고 있습니다.

현재 우리는 과거에 볼 수 없었던 새로운 혁신 기술이 동시에 등장하는 모습을 지켜보고 있습니다. 이렇게 동시다발적으로 혁신이 일어나게 된 가장 큰 이유는 정보통신기술의 발달과 하드웨어를 운영하는 소프트웨어의 발달 덕분입니다. 이런 변화가 하루아침에 일어난 것은 아닙니다. 짧게는 수년, 길게는 수십 년간 이어진 노력 덕분입니다. 오늘 그리고 바로 지금, 최선을 다한 것들이 모여서 나온 결과인 거죠. 그래서 미래는 현재 만들어지고 있습니다.

"사람은 도시를 만들고, 도시는 사람을 만든다."라고 합니다. 현재 우리가 만들려는 미래 교통은 어떤 모습일까요? 단지 빠르게 이동하거나 하늘을 날아다니는 교통이 아닙니다. 에너지를 덜 사용하고 오염물질 방출이 적은 친환경 교통, 사고로부터 안전한 교통, 고령자나 신체가 불편한 교통약자도 이동권에 제약을 받지 않는 공평한 교통, 운영 비용이 적게 소요되는 효율적인 교통입니다. 우리가 이렇게 스마트한 도시와 교통을 만들면 이 도시가 만들어 내는 사람은 어떤 모습일까요? 해답은 독자 여러분의 즐거운 상상으로 남겨둡니다.

한대희

성균관대학교 u-City공학과에서 '전기택시'를 주제로 공학박사 학위를 받았고, 현재 대전광역시 트램정책과 사무관, 성균관대학교 미래도시융합공학과 겸임교수로 재직 중이다. 여러 교통정책을 수립하고 수행한 경험을 갖고 있다. 2010년 제1회 '10월의 하늘' 강연에서부터 '스마트교통'과 관련된 강연을 해왔다.

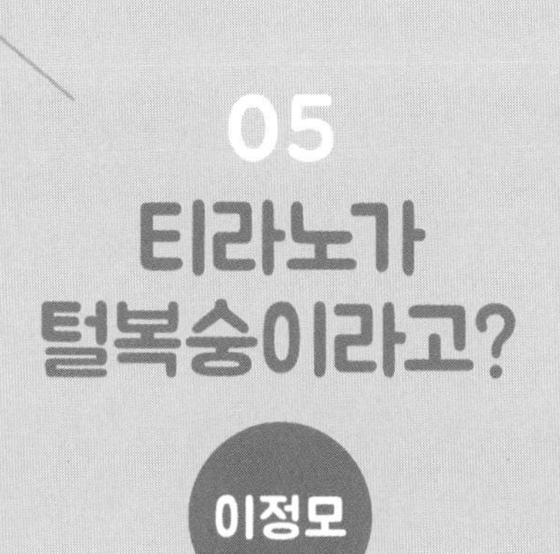

05 티라노가 털복숭이라고?

이정모

공룡은 우리에게 어떤 존재일까?

저는 공룡을 사랑하는 사람입니다. 몇 년 전에도 내용은 다르지만, '10월의 하늘' 행사에서 공룡이 털북숭이라는 주제로 강연을 했습니다. 그때 강의를 들었던 학생들은 공룡이 이렇게 재밌는 줄 몰랐다고 다들 깜짝 놀라기도 한 기억이 나네요. 공룡은 정말 흥미롭고 멋진 생명체입니다. 오늘은 우리가 알고 있는 공룡의 모습이 예전과 어떻게 달라졌는지에 대해서 얘기해보도록 하겠습니다.

공룡을 좋아하는 학생들은 대부분 저보다 공룡 이름을 훨씬 많이 알고 있습니다. 우리나라에 있는 유명한 공룡학자인 이융남 박사님보다 공룡 이름을 더 많이 알고 있는 학생도 있을 거예요. 이게 무슨 뜻이냐 하면 공룡 이름을 많이 아는 건 그리 중요하지 않다는 겁니다. 공룡이 너무 많이 발견되고 있어서 공룡 이름을 다 외울 수도 없답니다. 지금까지 발견한 공룡이 몇 종이나 될까요? 답은 1,000종쯤 됩니다. 저도 자세히 아는 건 아니지만 1,000종의 공룡 가운데 사람의 무릎보다 작은 건 몇 종이나 될까요? 1,000종 중에서 사람의 무릎보다 작은 건 500종쯤 됩니다.

공룡이 그렇게 작았다니 놀랍지 않나요? 그렇다면 지금까지 발견한 공룡 중에 절반은 사람의 무릎보다 작았다는 건데, 공룡이 사람보다 컸다고 이야기할 수 있을까요? 당연히 그렇지 않습니다. 사람보다 작은 공룡도 있고 큰 공룡도 있습니다. 그런데 우리는 왜 큰 공룡만 기억하고 있을까요? 우리는 큰 것만 좋아합니다. 거기다 큰 공룡이 잘 보존되어 있어요. 큰 공룡은 머리뼈도 크고 잘 남아 있어서 발견하기 쉽습니다. 하지만

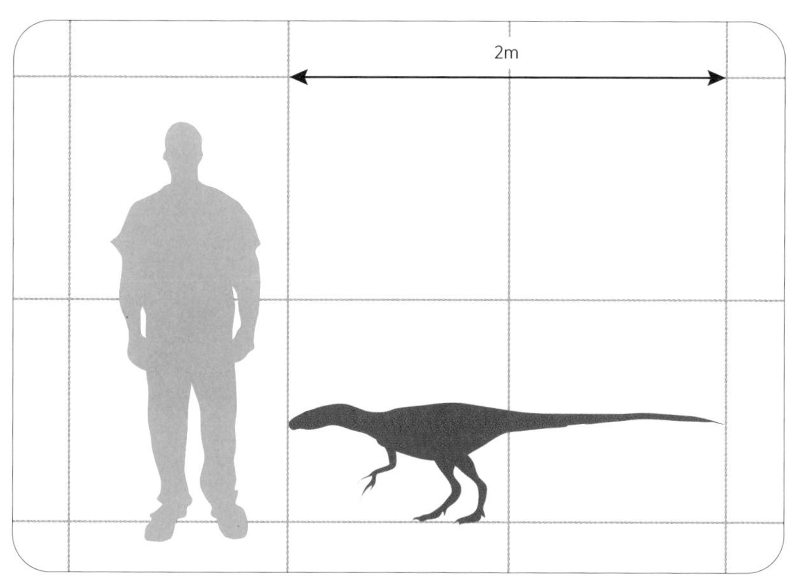

지금까지 발견한 공룡의 절반은 인간의 무릎보다 크기가 작다.

작은 공룡들은 머리뼈를 찾기도 어렵습니다. 분명히 새로운 공룡을 발견했지만, 그 공룡을 제대로 아는 일은 굉장히 어렵습니다. 큰 공룡이 솔직히 더 멋집니다. 그래서 우리는 공룡이라 하면 왠지 크고 멋있거나 혹은 무서운 이미지를 먼저 떠올리게 됩니다.

예전에 공룡이 원시인을 습격하는 내용의 고전 영화가 있었습니다. 〈공룡 백만년〉이라고 정말 말도 안 되는 영화지만 제가 태어나서 처음 본 영화입니다. 이 영화를 보러 다섯 살쯤 아버지와 함께 극장에 갔습니다. 극장도 깜깜한데 공룡이 원시인을 찢어발기니까 얼마나 무서웠을까요? 제가 막 울음을 터뜨리니까 아버지가 저를 데리고 바깥으로 나갔습니다. 무서운 곳을 빠져나와서 다행이라고 생각했는데, 아버지는 저를 혼자 두고 상영관으로 들어가서 영화를 끝까지 보셨던 게

〈공룡 백만년〉의 한 장면

기억납니다. 그땐 정말 공룡이 무서웠어요.

제가 본 첫 영화지만, 〈공룡 백만년〉에는 어떤 문제가 있습니다. 다들 바로 눈치채셨겠지만, 사람이 공룡이랑 같이 살고 있다는 게 가장 큰 문제입니다. 사람은 공룡과 같이 산 적이 없어요. 다시 영화에 등장한 공룡에 집중해봅시다. 영화에 나오는 공룡에게도 어떤 문제가 있습니다. 공룡의 꼬리가 너무 길다고 생각할 수도 있지만, 꼬리는 길 수도 있습니다. 문제가 뭐냐 하면 꼬리가 땅에 질질 끌린다는 겁니다. 여러분 만약에 저렇게 꼬리를 질질 끌고 다니면 어떻게 될까요? 잘못하다간 꼬리를 다쳐서 제대로 걷지 못하게 될 수도 있습니다.

사실 공룡의 꼬리는 땅에 끌리지 않고 바짝 서서 낮게 균형을 맞추고 있습니다. 뒤를 향하여 창처럼 서 있지요. 여러분은 벌써 이 영화의 문제를 둘 다 찾았습니다. 첫 번째는 공룡과 사람이 같이 살고 있다는 것이고, 두 번째는 꼬리가 이상하다는 거였습니다. 여러분은 공룡학자도 아닌데 처음부터 그 사실을 알고 있었습니다. 여러분은 이미 몇 십 년 전의 공룡학자들보다 더 많은 사실을 알고 있는 것입니다.

새의 조상인 공룡

여기 세 가지 종류의 새가 있습니다. 하나는 뱁새입니다. 뱁새가 황새 쫓아가다가 가랑이 찢어진다는 얘기 들어보셨죠. 뱁새의 정식 명칭은 붉은머리오목눈이입니다. 붉은머리오목눈이는 어떻게 생겼을까요? 이름 그대로 머리가 붉은색이고 눈이 오목하게 들어갔습니다. 그다음은 커다란 두루미와 닭입니다. 이 세 가지를 한꺼번에 부를 때 우리는 새라고 부릅니다. 조류라는 멋있는 말이 있지만 새라고 부르면 됩니다.

뱁새

새들은 주변에서 흔히 만날 수 있지요. 그렇다면 지구상에 새가 몇 종이나 살고 있을까요? 현재 10,400종이나 살고 있습니다. 새는 지구에 이렇게 많이 있어요. 이 사실을 다르게 생각하면 지구에 살아 있는 공룡이 아직도 10,400종이나 있다는 뜻입니다. 몇 년 전만 하더라도 새가 공룡이라고 말하면 무슨 말도 안 되는 소리냐고 난리가 났습니다. 여러분은 새가 공룡이라는 사실을 이미 알고 있습니다. 공룡과 관련된 지식은 예전과 완전히 달라졌습니다. 여러분이 알고 있는 지식도 많이 발전하고 있습니다.

두루미

닭

새가 공룡이라는 사실에 관해서 얘기해보겠습니다.

새의 가장 큰 특징은 날개가 있고 날 수 있다는 겁니다. 우리는 왜 날지 못할까요? 날개가 없어서 그런 게 아닙니다. 제 몸에 날개를 붙여도 날 수 없습니다. 제가 날 수 없는 가장 큰 이유는 무겁기 때문입니다. 저만 그런 게 아니라 여러분도 마찬가지입니다. 여러분은 저보다 날씬하지만, 날개를 붙여도 절대로 날 수 없습니다. 닭을 한번 보세요. 가슴살이 엄청나게 큽니다. 원래 닭은 가슴살이 지금처럼 크지 않았어요. 사람들이 가슴살을 좋아해서 점점 크게 만든 겁니다. 사람이 날기 위해서는 몸무게도 가벼워야 하지만 팔 길이만큼 가슴이 나와야 합니다. 여러분이 손을 앞으로 내밀었을 때 손끝까지 가슴살이 있어야지 날 수 있습니다. 가슴살이 있어야 날개를 흔들어서 뜰 수 있습니다. 여러분 중에서 팔 길이만큼 가슴이 나오길 원하는 사람은 없을 거예요. 그래서 우리가 날기 위해선 비행기가 필요한 겁니다.

공룡이 새와 비슷할지도 모른다고 생각하게 된 것은 어떤 화석이 중국에서 발견되었기 때문입니다. 두 개의 화석인데 각자 다른 화석이 아니라 하나의 화석입니다. 책처럼 접혀 있던 건데 암석을 쪼갰더니 열린 겁니다. 만약 다른 방향으로 쪼갰으면 화석을 발견하지 못했을 텐데 다행히 접혀 있는 걸 잘 열었습니다. 한쪽은 양각, 다른 한쪽은 음각이 되는데 여기서 공룡학자들이 털을 확인했습니다. 털로 생각하고 이 화석을 보면 공룡이 아니라 새처럼 보입니다. 이 새가 언제 살았느냐 하면 자그마치 1억 3천만 년 전입니다. 1억 3천만 년 전이면 중생대인데 바로 공룡이 살았던 시대입니다. 이 화석을 과학자들이 실제로 복원해봤습니다. 복원한 결과물을 보면 공룡이 아니라 완벽한 새처럼 보입니다. 날개를 자세히 보면 작은 발톱이 달려 있습니다. 날개에 달린 발톱을 제외하면 현재의 새와 똑같습니다. 이 화석을 발견하고 사람들이 생각보다 놀라진 않았습니다. 왜냐하면 그전부터 깃털이 완벽하게 확인되진 않아도 비슷한 화석을 발견해왔기 때문입니다.

하지만 아이러니하게도 사람들은 털이 있는 화석을 발견하고도 이건 털이 아니라고 생각했습니다. 화석이 문드러져서 생긴 흔적이거나 어떤 상처일 거야 하고 그냥 넘어가고 말았습니다. 또 다른 화석이 나오더라도 마찬가지로 넘어갔습니다. '공룡에게 털이 있을 리가 없어.' 예전에는 모든 사람이 이렇게 믿고 있었습니다. 그게 너무나 절대적이어서 사람들은 털을 발견하고도 몰랐던 겁니다. 그리고 털이 완벽하게 확인되는 화석이 나오고 나서야 사람들이 깨달은 거예요. 어떤 공룡학자는 털이 나온 화석을 자기도 발견했었는데 모르고 넘어가서 억울해하고 그랬답니다. 사

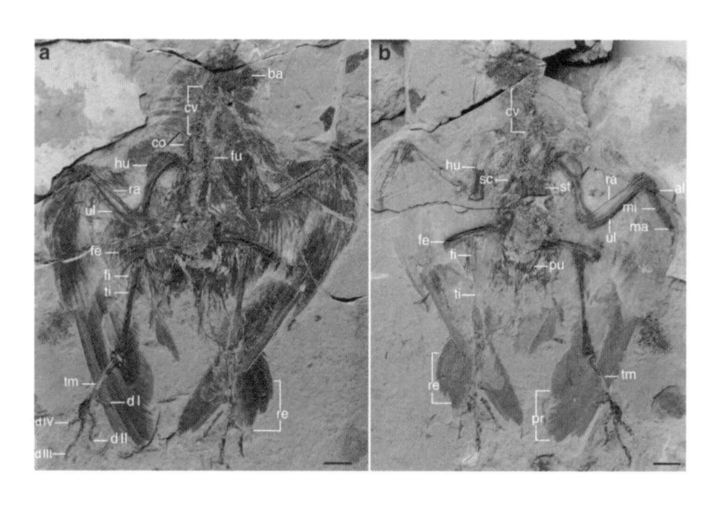

중국에서 발견된 1억 3천만 년 전의 공룡 화석

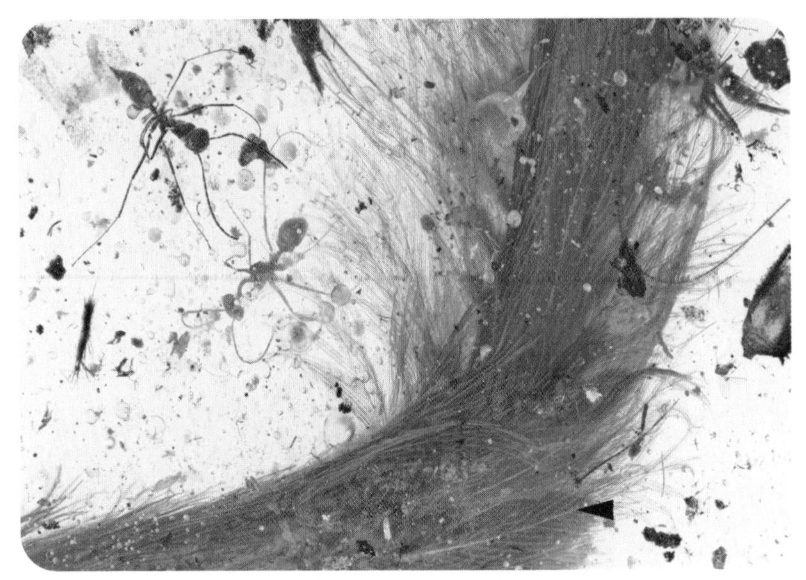

호박 속에 그대로 보존되어 있는 공룡의 꼬리

실 화석을 통해서 공룡을 파악하는 게 쉬운 일은 아닙니다. 화석은 다 돌로 되어 있어서 원래 모습을 예측하기 어렵습니다.

그런데 더 놀라운 발견이 있었습니다. 여러분 호박을 아시나요? 호박은 송진이 굳어서 투명하고 노랗게 생긴 보석입니다. 2015년에 어떤 호박을 발견했는데 호박 안에 개미가 있었습니다. 그런데 개미 말고도 어떤 동물의 꼬리뼈가 같이 있는 거예요. 그 꼬리뼈에는 털이 붙어 있고요. 이건 화석처럼 돌로 되어 있는 게 아니라 꼬리 자체가 보존된 거예요. 사람들이 공룡에게 털이 있었다는 더 좋은 증거를 가지게 된 겁니다. 호박의 꼬리뼈를 자세히 보면 빗자루의 솔처럼 청소하기 좋게 생긴 털들이 달려 있습니다.

왜 공룡에게 깃털이 있을까?

지금 날고 있는 새들의 깃털은 대칭도 있고 비대칭도 있습니다. 둘 다 가지고 있는데 대칭인 깃털만 가지고 나는 새는 없습니다. 하늘을 나는 새들은 대칭의 깃털과 비대칭의 깃털을 반드시 가지고 있습니다. 비대칭의 깃털이 있어야만 하늘을 날 수 있습니다. 그래서 예전에 대칭의 깃털만 가지고 있다고 생각되는 공룡은 하늘을 못 날았습니다. 지금 하늘을 날고 있는 새 중에서 비둘기의 깃털만 봐도 멋지게 비대칭으로 되어 있다는 것을 확인할 수 있습니다. 전 어린 시절에 대칭이 예쁘다고 생각해서 대칭인 깃털을 찾으려고 비둘기를 열심히 조사했는데 절대로 찾을 수 없었던 게 기억나네요

깃털을 가진 수많은 공룡 중에 비대칭형 깃털을 가진 공룡은 몇 종 안

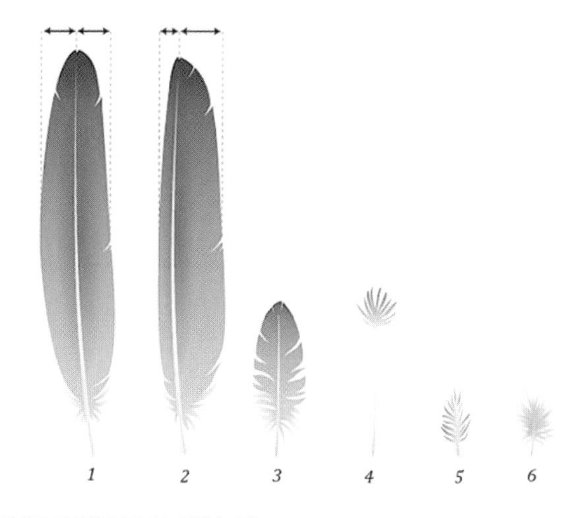

대칭과 비대칭을 포함한 다양한 깃털

됩니다. 대부분은 대칭인 깃털을 가지고 있었습니다. 앞서 말했듯이 대칭인 깃털만 가지고는 하늘을 날 수가 없습니다. 날지도 못했는데 이 공룡들은 깃털을 가지고 무엇을 했을까요? 이런 추측을 할 때는 중요한 게 있습니다. 우리는 과거로 돌아가서 공룡을 직접 확인할 수 없습니다. 옛날 공룡이 어떤 생활을 했는지 궁금하면 지금 살아 있는 동물을 바탕으로 연구해야 합니다.

예를 들어 타조가 있습니다. 타조는 하늘을 날지 못하지만, 그런데도 깃털을 가지고 있습니다. 타조는 깃털을 알을 품는 데 사용합니다. 그러면 공룡들도 알을 품었을까 하고 생각할 수 있습니다. 하지만 여러분 다른 파충류를 생각해보세요. 악어나 뱀, 그리고 거북이 알을 품나요? 바다거북은 해변의 모래 속에 알을 낳고 그대로 가버립니다. 알에서 나온 새끼 거북은 바다로 향하다가 대부분 새에게 잡아먹힙니다. 어미 거북이 알을 보살피고 있다가 새끼 거북이 알에서 나오면 같이 바다로 가면 좋겠지만 그렇게 하지 않습니다.

사람들은 처음에는 공룡이 알을 품는다고 생각하지 못했습니다. 왜냐하면 우리가 아는 공룡들은 그동안 깃털이 없었기에 파충류처럼 알을 품지 않았을 거라고 생각했습니다. 그러면 공룡에게 깃털이 있었다고 해서 바로 알을 품었는지 아닌지 알 수가 없습니다. 우리가 직접 확인하지 못했으니까요. 하지만 증거가 나왔습니다. 새끼 공룡이 여러 마리 있고 거기다 어미 공룡까지 있는 화석을 발견했습니다. 알이 아니라 부화한 새끼 공룡인데 어미도 같이 있는 겁니다. 이 공룡들은 대체 무엇을 하고 있었을까요?

중국에서 발견된 또 다른 화석에서는 새끼 공룡들만 모여 있었습니다.

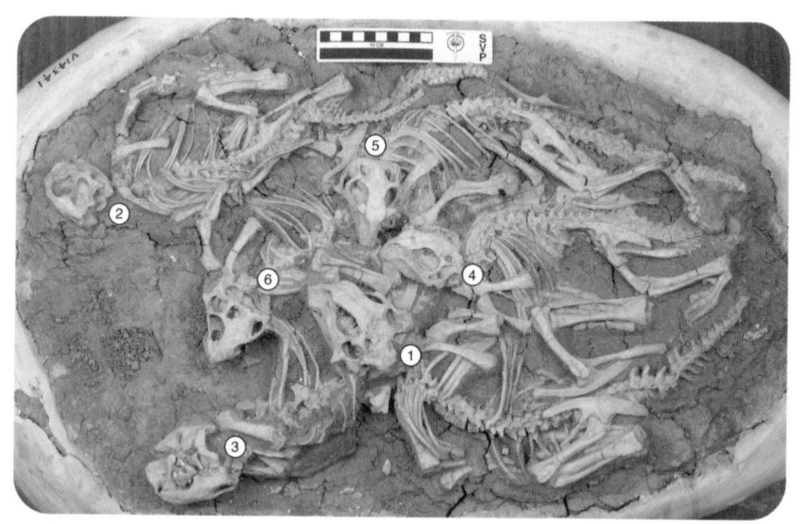

프시타코사우르스의 새끼들이 모여 있는 화석

이 새끼 공룡들은 누구를 기다리고 있었을까요? 우리가 직접 확인하진 않았지만, 어미 공룡을 기다리고 있었을 거라고 짐작할 수 있습니다. 그 이유는 지금 세상에 살아 있는 동물을 통해서 옛날 공룡의 생활을 추측하기 때문입니다. 이 새끼 공룡들이 어미 공룡을 기다리지 않았다면 아마 모여 있지 않았을 겁니다. 알에서 부화하자마자 다른 곳으로 떠나서 자기 살길을 찾았을 거예요. 그래서 새끼 공룡이 모여 있다는 건 어미 공룡이 보살폈다고 추측할 수 있습니다.

거기다 더 확실한 화석도 나왔습니다. 바로 프시타코사우르스라는 공룡이 새끼들과 함께 있는 화석입니다. 프시타코사우르스 어미가 새끼들을 위해서 먹이를 주고 있는데 갑자기 산사태가 나버렸고, 그 모습 그대로 땅에 갇혀서 화석이 됐습니다. 그리고 알을 품고 있는 공룡의 화석도 나왔습니다. 어미 공룡이 알을 품고 있다가 그 모습 그대로 화석으로 남은 겁니다. 알을 낳는 동물들 가운데 알을 품고 새끼를 양육하는 동물은 딱 하나밖에 없습니다. 바로 새입니다. 10,400종이나 되는 새랑 똑같은 모습을 공룡이 보여줬습니다. 그래서 공룡학자들은 공룡도 새처럼 알을 낳고 먹이를 가져다주는 양육을 했다고 추측할 수 있게 되었습니다.

그러면 공룡이 깃털을 알을 품는 데만 사용했을까요? 새들을 관찰하면 깃털을 이용해 알을 품는 것 외에도 중요하게 사용할 때가 있습니다. 바로 짝짓기입니다. 예를 들어 공작 수컷은 화려한 깃털을 가지고 있습니다. 이 깃털은 하늘을 나는 데는 하나도 도움이 안 됩니다. 날기에는 무거워서 불리하고, 깃털이 너무 화려해서 포식자와 사냥꾼에게 더 잘 보입니다. 이 깃털은 살아가기엔 매우 불편해 보입니다. 하지만 공작 암컷은 화려한 수컷을 더 좋아합니다. 왜냐하면 불리한 조건에도 불구하고 살아남아 자기 앞에서 사랑을 고백한다는 것은 다른 면에선 진짜로 강하다는 뜻입니다. 암컷은 튼튼하고 좋은 유전자를 가진 수컷의 유전자를 받고 싶을 겁니다. 그렇다면 과학자들이 보기에 공룡도 공작처럼 화려한 깃털을 가지고 짝짓기할 때 상대방을 유혹하는 데 사용했을 수도 있다고 추측했습니다.

하지만 공룡의 깃털이 공작처럼 화려한 색깔을 가지고 있었는지 어떻게 알았을까요? 눈으로는 화석의 색깔을 확인할 수 없습니다. 색깔은 멜라닌 색소에서 나오는 건데, 기술이 발전해서 화석에 있는 멜라닌 색소를 전자현미경으로 분석하게 되었습니다. 그 덕분에 공룡의 깃털도 색깔이 화려했다는 것을 확인할 수 있었습니다. 옛날에는 정말 상상도 할 수 없는 일이었습니다. 제가 1992년에 독일로 유학을 떠났는데 그때만 하더라도 우리나라에 전자현미경이 딱 2대밖에 없었습니다. 전자현미경을 보는 것도 유학을 결심한 큰 이유 중 하나였지요.

현재의 동물에게서 공룡을 보다

지금까지 말했듯이 우리는 공룡이나 과거에 살았던 동물을 본 적이 없습니다. 옛날 동물을 잘 모를 때는 지금 살아 있는 동물을 가지고 연구합니다. 예를 들어 학을 연구해보니 걸어갈 때 찍힌 발자국과 뛰어갈 때 찍힌 발자국, 춤출 때 찍힌 발자국과 싸울 때 찍힌 발자국이 다 다르다는 사실을 알아냈습니다. 발자국 모양만 봐도 학이 구애의 춤을 췄는지 싸웠는지 알 수 있습니다. 그런데 미국에서 공룡의 발자국이 발견됐는데 새가 구애의 춤을 출 때 생긴 모양과 똑같이 찍혀 있었습니다. 이 발자국의 주인은 아크로칸토사우르스라는 공룡입니다.

그러면 단순히 춤만 춘다고 상대방을 유혹할 수 있었을까요? 깃털도 없고 팔도 짧은데 춤을 추는 것처럼 보였을까요? 아직 아크로칸토사우르스의 깃털 화석이 발견되지 않았지만, 유혹의 춤에는 깃털이 필요해 보입니다. 참고로 아크로칸토사우르스를 볼 수 있는 곳이 전 세계에 딱 두 군데

아크로칸토사우르스가 구애하는 모습을 상상한 그림

가 있습니다. 한 군데는 미국의 작은 시골의 자연사박물관이고, 다른 하나는 서울에 있는 서대문자연사박물관입니다. 현재 아크로칸토사우르스는 털이 없다고 예상하지만, 전 그렇게 생각하지 않습니다. 왜냐하면 적어도 팔에는 화려한 깃털이 있어야 합니다. 깃털 없이 구애의 춤을 춰봤자 누구도 유혹할 수 없었을 겁니다.

현재는 예전과 비교해서 공룡들의 생김새도 많이 바뀌고 있습니다. 티라노사우르스의 경우에도 지금까지 깃털 화석이 발견된 적은 없었습니다. 그래서 1905년에는 티라노사우르스를 털이 없이 그렸습니다. 그런데 2012년이 되자 공룡학자들은 털이 있는 티라노사우르스를 그렸습니다. 털이 있는 공룡보다는 털이 없는 공룡이 더 멋지긴 합니다. 털이 없는 게 더 무서워 보이는 편입니다. 그러나 공룡학자들은 점점 공룡을 새와 비슷하게 만들고 있습니다. 2016년에 그린 티라노사우르스를 보면 꼬리에도 꿩처럼 깃털을 달았습니다. 과학이 발전하면 할수록 공룡의 위엄이 점점 없어지고 있습니다.

티라노사우르스의 복원도

제가 제일 좋아하는 공룡은 데이노케이루스라는 공룡입니다. 데이노케이루스를 완벽하게 복원한 사람은 대전에 계신 이융남 박사님입니다. 이융남 박사님이 이 공룡을 처음 발견했을 때는 뒤뚱뒤뚱 걷는다고 생각했습니다. 그런데 화석을 조사하는데 데이노케이루스의 배에서 물고기가 나왔습니다. 배 속에 물고기가 있다는 건 무슨 뜻일까요? 물속에 살지는 않았지만, 물속에 들어가서 뭘 먹었다는 뜻입니다. 데이노케이루스는 초식 공룡이었기 때문에 물고기를 먹지 않았습니다. 아마 물속에 있는 물풀을 먹다가 물풀 사이에 있던 물고기가 재수 없게 배 속으로 들어갔을 겁니다. 그런데 몸에 털이 없이 밋밋한 피부면 찬물에 들어갈 경우 몸이 식어버립니다. 과학자들은 그러면 안 된다고 생각했습니다. 그래서 물에 사는 오리처럼 털이 촘촘히 박혀 있는 형태로 2016년에 데이노케이로스를 새롭게 그렸습니다. 2018년에는 더욱 오리처럼 그리고, 오리처럼 살았다고 추측하고 있습니다. 실제로 본 사람은 없지만, 여러 가지 상황 때문에 오리 같은 모습이 더 합리적이라고 판단한 겁니다.

데이노케이루스의 복원도

파라사우롤로푸스는 머리에서 '뿌우' 하고 소리가 나는 공룡입니다. 서대문자연사박물관에 가면 소리도 들을 수 있습니다. 왜 '뿌우' 하고 소리를 냈을까요? 소리는 두 가지 신호로 볼 수 있습니다. 하나는 '나 여기에 있어요. 내 짝은 어디에 있나요?'라는 뜻이고 다른 하나는 '육식 공룡이 오고 있어요. 도망쳐요!'라는 뜻입니다. 그런데 육식 공룡을 보고 소리를 내면 육식 공룡이 누구를 쫓아갈까요? 소리를 내는 순간 자신은 위험에 빠집니다. 하지만 동물들은 많은 경우에 적들이 다가오면 자기가 먼저 소리를 내고 자기 위치를 알려줍니다. 그사이 다른 동물이 피할 시간을 벌어줍니다. 동물과 마찬가지로 사람도 똑같습니다. 부모님이 여러분을 지키고, 군인이 나라를 지키기 위해 군대에 복무하는 것처럼 사람도 크게 다르지 않습니다. 모든 동물은 자기를 희생해서 다른 동물을 구하려고 합니다.

다른 예로 코끼리가 진흙으로 목욕을 합니다. 그러면 목이 긴 공룡도 진흙으로 목욕을 하지 않았을까 하고 상상해볼 수 있습니다. 모로코에

신선한 잎을 먹기 위해 나무에 올라간 염소

가면 나무에 올라가 사는 염소가 있습니다. 사막에 신선한 풀이 없어 생존을 위해 나무에 올라가는 겁니다. 그러면 예전의 초식 공룡 중에서도 나무 위에 살았던 공룡이 있을 수도 있습니다. 아침마다 목욕하는 참새를 보고 깃털이 있는 공룡도 아침에 목욕하지 않았을까 생각해볼 수도 있습니다. 증거는 없지만 상상을 해보는 겁니다. 공룡에 대해서 더 많이 알고 싶다면 '지금 살고 있는 동물'을 더 관찰하고 사랑해야 합니다.

과학은 암기가 아니라 질문이다

과학에서는 '나는 모른다'가 때로는 가장 좋은 대답입니다. 과학자들에게 무엇을 물어보면 과학자들은 자주 모른다고 대답합니다. 모른다고 이야기하면서 전혀 부끄러워하지 않습니다. 왜냐하면 모르기 때문에 과학을 하는 겁니다. 자기가 모른다는 것을 아는 것은 굉장히 중요합니다.

옛날에 동양과 서양의 지도를 보면 큰 차이가 있는 것을 확인할 수 있습니다. 예전에 중국 사람들이 그린 세계지도를 보면 아프리카의 바닷가까지만 가봤으면서 내륙까지 다 그려져 있습니다. 그들은 실제로는 모르지만, 세상을 다 안다고 생각했습니다. 그런데 유럽 사람들은 유럽을 벗어나 탐험이나 여행할 때는 과학자들을 꼭 데리고 갔습니다. 왜 데리고 갔냐 하면 '나는 모른다'라는 걸 전제로 했기 때문입니다. 내가 모르니까 과학자들을 데리고 가서 조사하려고 했습니다. 찰스 다윈이 비글호를 어떻게 탔을까요? 해안선을 그리러 가는데 과학자를 데리고 갈 필요가 있어서 데려갔던 겁니다. 그러니까 서양에서는 탐험할 때 과학자를 데리고 갔고, 중국에서는 탐험할 때 과학자를 데리고 가지 않았습니다. 중국은 세상을 다 알고 있다고 믿었기 때문입니다.

과학에서 중요한 것은 '나는 모른다'라는 사실을 알고 있는 겁니다. 과학책이라고 다 진리는 아닙니다. 제가 예전부터 가지고 있던 공룡책이 지금은 하나도 맞는 게 없습니다. 새로운 이론이 나오면 기존의 이론은 완전히 틀린 것이 됩니다. 그러면 과학책을 읽을 필요가 없다고 생각할 수도 있습니다. 하지만 그렇지 않습니다. 현재 나온 과학책들은 지금까지의 가장 합리적인 내용을 포함하고 있습니다. 지금의 과학책을 알아야 나중에 새로운 과학책도 더 쉽게 이해할 수 있는 겁니다. 하지만 지금의 과학책이 진리는 아닙니다.

목이 긴 공룡은 물을 어떻게 먹었을까?

그리고 과학책을 읽을 때 내용을 외우려고 하기보다는 질문을 떠올리고 답을 고민하는 것이 좋습니다. 예를 들어 브라키오사우르스는 목이 긴 공룡입니다. 이 공룡이 물을 어떻게 먹었을까요? 고개를 숙여서 먹었겠죠. 그런데 생각해봅시다. 목이 긴 공룡의 머리에서 심장은 한참 아래에 있습니다. 머리까지 피를 보내려면 엄청나게 세게 심장이 뛰어야 합니다. 그런데 물을 먹겠다고 고개를 숙이면 피가 쏠려서 머리가 터집니다. 브라키오사우르스가 매번 죽을 각오를 하고 물을 먹진 않았을 겁니다. 그렇다면 도대체 목이 긴 공룡은 어떤 식으로 혈압을 조절했을까요? 목이 긴 공룡은 깊은 물에 들어가서 물이 목까지 차오를 때까지 들어가서 먹었겠네 하고 생각할 수도 있습니다. 하지만 물에 10미터만 들어가도 수압으로 숨쉬기조차 힘들었을 겁니다. 그렇게 다른 답변을 찾기 위해 계속 질문이 나오는 겁니다.

과학을 잘하려면 과학책을 읽을 때도 무작정 암기하는 게 아니라 질문을 얻어 내기 위해 읽는다는 것을 명심하시기 바랍니다.

이정모

연세대학교 생화학과를 졸업하고, 독일 본 대학교에서 박사과정을 수료했다. 현재 서울시립과학관장으로 일하고 있다. 지은 책으로 『저도 과학은 어렵습니다만』, 『250만 분의 1』, 『과학책은 처음입니다만』 등이 있다.

06
자연의 빛, 인간의 빛

고재현

빛이란 무엇일까?

'10월의 하늘'이 열리는 어느 토요일 오후, 파란 하늘과 이를 배경으로 떠 있는 풍성한 구름들, 여러분은 이런 모습을 보며 어떤 생각을 하시나요? 산 너머로 넘어가는 석양의 불타오르는 붉은 빛을 눈에 담으며 무엇을 떠올리나요? 이런 모습들은 고대부터 인간에게 커다란 호기심을 불러일으켰습니다. 하늘은 왜 파랗지? 그런데 구름은 왜 흰색일까? 오늘 제 얘기는 이런 호기심에서 출발하고자 합니다.

자연의 모습은 우리에게 빛으로 다가옵니다. 우린 빛을 느끼고 빛을 보는 존재입니다. 그러면 과연 빛이란 무엇일까요? 한마디로 빛은 파동의 한 종류입니다. 그것도 매우 특수한 파동이랍니다. 우리 주위엔 다양한 파동들이 있습니다. 줄을 잡고 흔들면 줄의 파동이 생기고, 잔잔한 호수에 돌을 던지면 수면 위에 동심원 모양의 수면파가 만들어집니다. 여러분 귀의 고막을 자극해 청각을 만드는 것은 소리라는 파동, 즉 음파

잔잔한 물 위에 형성된 수면파

입니다.

이 모든 파동의 공통점은 무엇일까요? 바로 무엇인가 흔들리며 진동한다는 것이죠. 빛도 마찬가지입니다. 우리가 눈으로 느끼는 빛, 즉 가시광선은 '전자기파동', 줄여서 전자기파라는 현상의 일부랍니다. 전자기파도 파동이라서 당연히 무엇인가 진동해야겠죠? 전자기파는 전기장과 자기장이라는 두 가지 성질이 진동합니다. 즉, '전기장+자기장'의 파동이라는 의미에서 전자기파란 이름이 붙은 것이죠. 이들이 무엇인지 구체적으로 설명하는 건 쉬운 일이 아닙니다. 여기서는 단지 전기장은 겨울철에 자주 경험하는 마찰 전기와 같은 전기적 현상에 관련된 성질이고 자기장은 자석 등이 만드는 자기 현상과 관련된 성질이라고 정리하고 넘어가겠습니다.

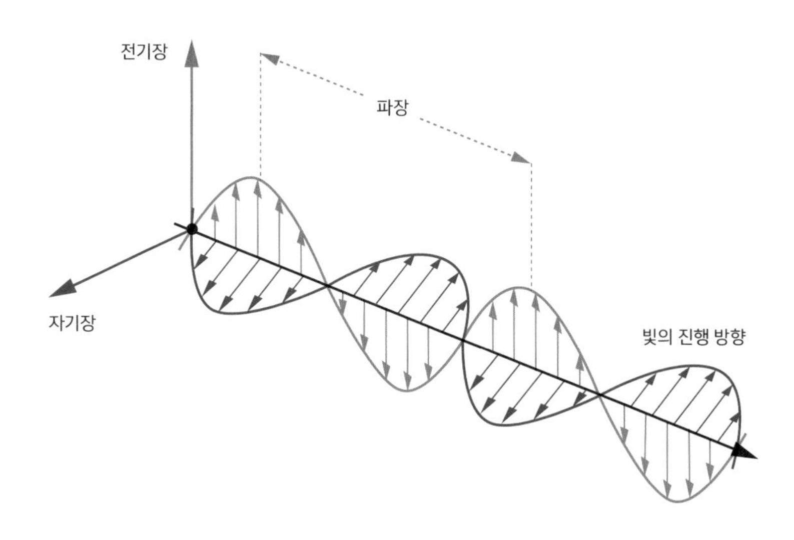

전기장과 자기장의 진동으로 형성되는 전자기파

가시광선이 눈에 보이는 전자기파라면 눈에 보이지 않는 전자기파도 있을까요? 그렇습니다. 전자기파는 가시광선을 포함해서 자외선, 엑스선, 감마선, 적외선, 마이크로파, 전파 등 다양한 영역으로 구분됩니다. 이들은 전기장과 자기장이 한 번 진동하면서 나아가는 거리인 파장으로 구분합니다. 가시광선의 파장은 약 380~780나노미터 정도입니다. 나노미터는 10억 분의 1미터라서, 가시광선의 파장은 머리카락 굵기의 100분의 1 정도에 해당하죠. 오늘의 여행은 바로 이 가시광선, 눈에 보이는 빛과 함께 떠납니다. 우리의 호기심과 함께 말이죠.

빛은 어떤 성질을 가지고 있을까?

주위를 가만히 둘러보세요. 눈에 들어오는 사물의 모습들, 창문을 통해 들어오는 햇빛…. 이들을 자세히 관찰하면 빛의 다양한 성질들이 눈에 들어올 거예요. 창으로 들어온 햇빛이 사물과 만나면 어떻게 될까요? 가장 먼저 반사가 일어납니다. 빛은 물체의 표면을 만나면 일부가 반사됩니다. 거울이 대표적이죠. 거울처럼 매끈한 표면은 빛이 들어가는 각도와 나오는 각도가 같습니다. 반사할 때 빛이 흩어지지 않기 때문에 거울로 빛을 보냈던 사물의 정보도 흩어지지 않고 우리 눈에 들어옵니다. 거울 속의 상이 깨끗하게 보이는 건 이 때문이죠.

흰 종이처럼 거친 표면은 어떻게 될까요? 부딪힌 빛이 사방으로 퍼지며 반사합니다. 확산 반사라 부르는 현상입니다. 사물의 정보를 가지고 부딪힌 빛이 사방으로 달아나니 흰 종이를 거울로 쓰는 건 불가능하겠지요.

그런데 많은 물체는 보통 표면의 성질이 거울 반사와 확산 반사의 중

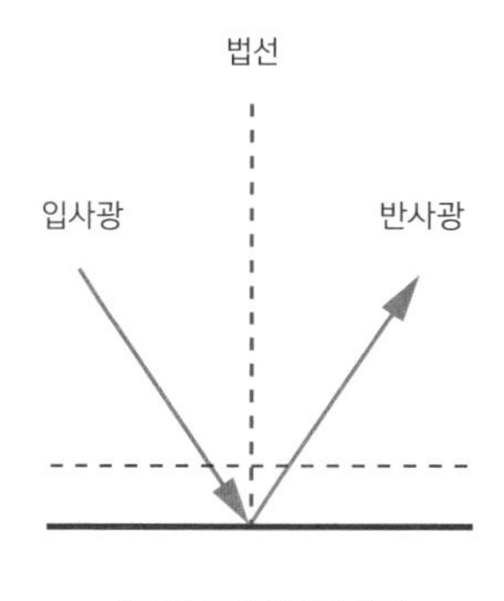

매끈한 표면 위 거울 반사

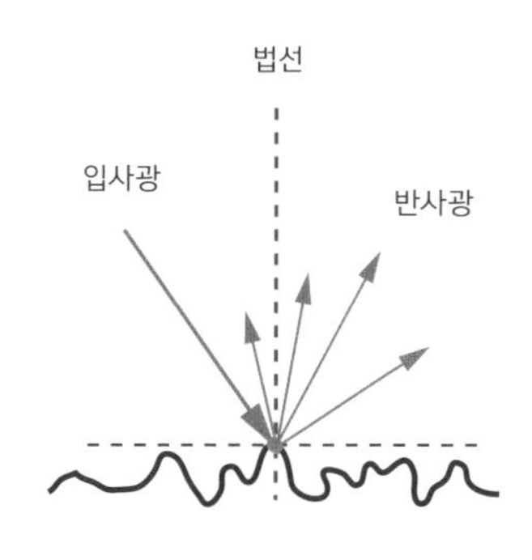

거친 표면 위 확산 반사

간 정도랍니다. 한림대학교 제 연구실 앞 복도를 찍은 사진을 같이 볼까요? 천장의 형광등 빛이 바닥에서 반사되어 눈에 보입니다. 그렇지만 형광등의 이미지는 매우 흐릿하게 보이죠. 이게 바로 거울 반사와 확산 반사의 성격이 섞여서 나타나는 예입니다. 대부분의 물체는 이런 반사 성질을 보입니다. 대기 중에도 빛의 반사 때문에 멋진 현상이 나타나기도 합니다. 하늘에 떠 있는 육각형 판 형태의 얼음 조각들이 석양 무렵의 햇빛을 반사해 우리 눈에 보내면 해 위로 멋진 빛의 기둥이 만들어지기도 합니다.

한림대학교 공학관 복도

만약에 빛이 물이나 유리처럼 투명한 물질을 만나면 어떻게 될까요? 빛의 일부는 반사되지만,

일부는 공기와 유리의 경계면을 통과할 때 방향을 꺾어 통과하게 됩니다. 바로 빛의 굴절이 일어나는 거죠. 빛이 꺾이는 방향이 궁금하다고요? 그건 어떤 물질에서 어떤 물질로 빛이 이동하는가에 따라 달라집니다. 가령 빛이 공기에서 유리로 비스듬히 들어가는 경우를 보죠. 공기와 유리의 경계면에 수직인 선을 법선이라 합니다. 공기처럼 희박한 물질에서 유리처럼 치밀하고 단단한 물질로 빛이 들어가면 법선에 가까운 방향으로 빛이 꺾입니다. 굴절되는 각도는 물질마다 달라지는데 그 정도는 굴절률이라는 물질의 속성으로 표현됩니다. 굴절률이 높을수록 더 큰 각도로 꺾이게 되지요. 유리에서 공기로 빛이 빠져나올 때는 법선에서 멀어지는 방향으로 빛이 굴절됩니다.

빛의 굴절 현상을 이용하는 장치는 우리 주변에 아주 많아요. 안경이나 돋보기, 혹은 망원경에 사용되는 렌즈가 대표적이죠. 그런데 과학자들은 빛의 굴절 현상을 이용해 빛을 색깔별로 나누는 분광기를 발명합니다. 맞아요. 바로 프리즘이죠. 흰색 빛이 프리즘을 통과하고 굴절되며 무지개색으로 나눠집니다. 그런데 좀 이상하지 않나요? 빛이 왜 색깔에 따라 다른 각도로 꺾일까요? 앞에서 빛이 꺾이는 정도를 나타내는 물질의 성질이 굴절률이라 했는데, 색깔에 따라 굴절각이 달라진다면 결국 프리즘을 이루는 유리나 플라스틱은 색깔에 따라 다른 굴절률을 가지고 있다는 얘기일까요? 그렇습니다. 굴절률은 빛의 색에 따라 미세하게 달라집니다. 굴절률이 제일 높은 파란색, 보라색 빛이 제일 많이 꺾이고 파장이 긴 빨간색 빛은 굴절률이 작아서 제일 적게 꺾입니다.

프리즘이 만드는 아름다운 무지개색은 사실 자연에서도 많이 발견할 수 있어요. 대표적인 게 소나기가 내리고 나서 생기는 하늘의 무지개랍니

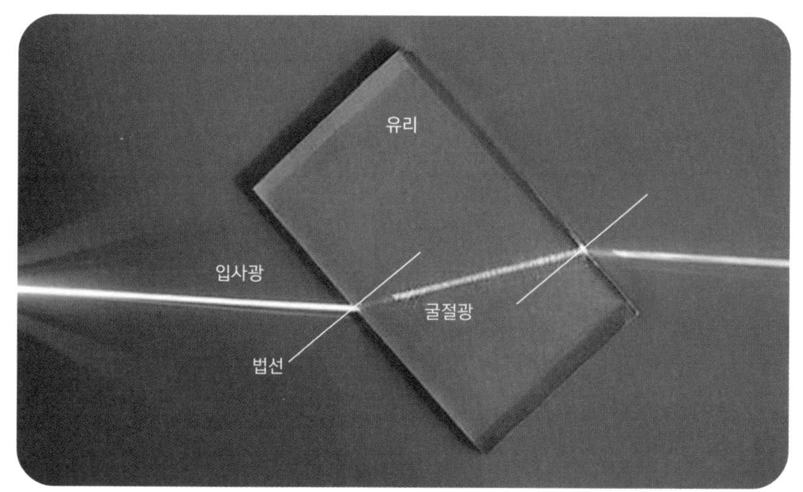

유리 조각의 표면에 비스듬히 입사하는 빛의 굴절 현상. 공기에서 유리에 들어갈 때는 법선에 가까운 방향으로 굴절되지만 유리에서 공기로 빠져나올 때는 법선에서 멀어지는 방향으로 꺾인다.

다! 대기 중의 습도가 높아 큰 물방울들이 대기 중에 둥둥 떠 있을 때 해를 등지고 대기를 보면 무지개를 볼 수 있어요. 햇빛이 물방울의 윗부분을 통해 들어가는 순간 빛은 색깔별로 약간 다르게 굴절되며 퍼져 나갑니다. 물방울의 뒤에서 반사된 빛이 물방울을 빠져나올 때 다시 한번 빛의 색에 따라 다르게 굴절되면서 색깔에 따른 빛의 진행 각도가 달라집니다. 이 각도는 우리 눈에는 고도로 인식이 되지요. 물방울을 빠져나올 때 가장 많이 꺾이는 보라색과 파란색이 수평에 대해서 고도가 제일 낮다는 걸 알 수 있습니다. 따라서 무지개의 가장 아랫부분이 보라색, 그 위가 파란색이죠. 가장 덜 꺾이는 빨간색은 고도가 제일 높아져 무지개의 제일 위를 차지한답니다.

구름의 일부를 이루는 얼음 알갱이도 프리즘의 역할을 할 때가 있어요. 물 분자들은 특별한 방식으로 결합하면서 육각형의 판상 혹은 기둥

춘천 하늘의 무지개

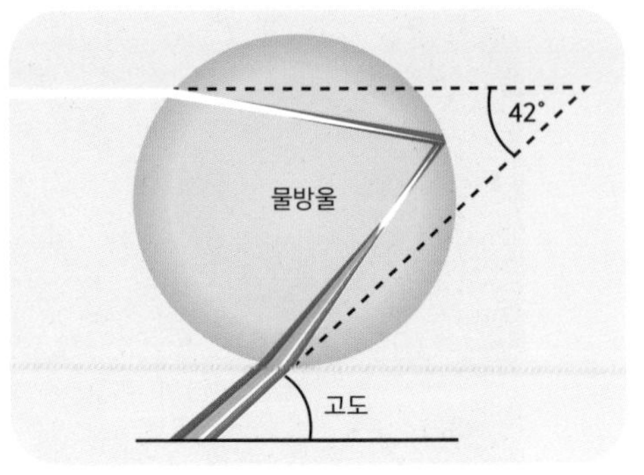

물방울에 들어간 빛이 무지개색으로 나뉘어지는 과정

모양의 얼음 알갱이들을 만듭니다. 하늘에 둥둥 떠 있는 육각형의 얼음들은 햇빛에 대해 천연 프리즘으로 작용한답니다. 얼음의 어느 표면으로 들어가 어디로 나오는가에 따라 놀랄 만큼 다양한 무지개색의 형상들이 하늘에 펼쳐집니다. 이 중 우리에게 가장 친숙한 현상은 햇무리일 겁니다. 태양을 중심으로 약 22도 정도의 시야각에 있는 원형의 햇무리는 구름에 퍼져 있는 육각형 얼음이 만들어요. 육각 얼음 알갱이의 측면으로 들어간 빛은 얼음을 통과해 지나가면서 22도 정도로 꺾여서 우리 눈에 들어옵니다. 그런데 사람은 빛이 굴절되어 온다는 걸 바로 직접 느낄 수 없어요. 그저 눈으로 들어오는 빛의 방향 쪽에 그 빛을 보내는 광원이 있다고 느낄 뿐이죠. 그래서 태양을 중심으로 22도의 시야각 방향에서 빛이 온다고 느끼는데 이것이 바로 햇무리입니다. 햇무리의 가운데는 비교적 어둡게 보이고, 가장 덜 굴절되는 빨간색이 22도 햇무리의 제일 안쪽에 자리를 잡습니다. 더 재미있는 현상은 주로 해가 지는 석양 무렵에 많이 보이는데요, 태양과 비슷한 고도에 있는 이 판상의 육각형 얼음 알갱이들이 태양의 양쪽, 즉 22도 방향에서 빛을 굴절시키는 경우가 있

춘천 하늘의 햇무리

춘천 하늘의 환일

습니다.

그러면 해의 좌우에 대칭적으로 놓이며 빨간색으로 시작해 수평으로 퍼지는 빛의 점이 보입니다. 이를 환일(Sundog)이라 부릅니다. 우리나라에서도 자주 볼 수 있지만, 북구의 추운 지방에서는 환일 현상이 매우 강하게 일어나면서 흡사 하늘에 태양이 세 개가 나란히 떠 있는 듯한 장관을 연출하기도 합니다.

이제 빛의 굴절에 관련된 가장 흥미로운 현상을 살펴볼까요? 빛의 굴절은 빛을 특정한 물질 속에 가둘 수도 있습니다. 흡사 수도관이 물을 가두는 것처럼요. 어떻게 이런 일이 생길 수 있을까요? 앞에서 굴절률이 높은 매질에서 굴절률이 낮은 매질로 빠져나갈 때 빛은 법선에서 멀어지는 방향으로 굴절된다고 설명했습니다. 만약 내가 물속에서 빛을 쏘는 각도를 계속 키우면 굴절각이 90도가 되면서 빛이 물과 공기의 계면을 따라가는 현상이 생기겠죠? 이보다 입사시키는 각도를 더 키우면 흥미로운 현상이 발생합니다. 경계면에 부딪힌 빛이 그대로 100퍼센트 반사되어 물속으로 되돌아옵니다. 밖으로 빠져나가지 못하고요. 이 현상

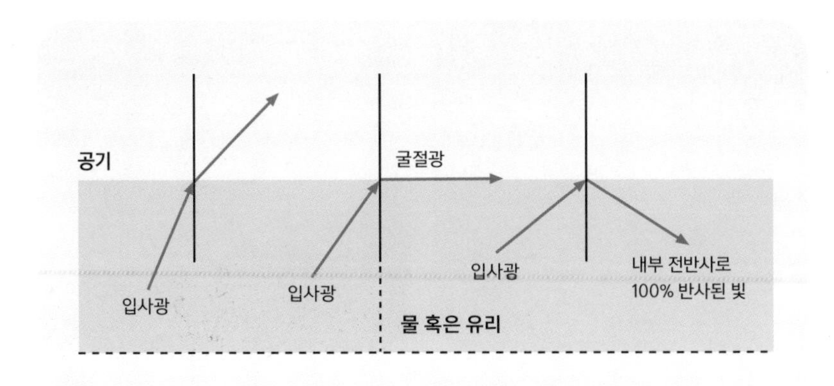

내부 전반사

을 '내부 전반사'라고 표현합니다. 내부 전반사는 우리 주변을 포함한 광 기술 분야에서 광범위하게 사용되고 있습니다. 내부 전반사는 빛이 어떤 경계를 빠져나가지 못하게 해서 빛의 방향을 틀거나 빛을 어떤 물질 속에 가둘 때 사용됩니다. 광통신을 예로 들어볼까요? 디지털 정보를 빛(적외선)의 펄스로 바꿔서 전달하는 광통신은 광섬유라는 소자를 통해 이루어집니다. 광섬유는 굴절률이 높은 중앙의 유리를 굴절률이 작은 유리 껍질이 감싸고 있습니다. 따라서 두 유리 재질 사이의 경계면에서 빛이 내부 전반사를 반복하면서 갇혀 진행할 수 있습니다. 오늘날 전 세계의 모든 나라는 촘촘히 연결된 광통신망으로 정보를 주고받습니다.

색이란 무엇인가?

지금부터는 색깔의 세계로 넘어가 보겠습니다. 과연 색이란 무엇일까요? 우리는 어떤 과정을 통해 물체의 색을 느끼는 걸까요? 색은 우리 인간의 눈과 시각 체계가 빛에 대해 반응한 결과지요. 이를 이해하기 위해서는 가시광선에 대해 눈이 어떻게 반응하는지를 봐야 할 것입니다. 눈에 들어오는 빛은 각막과 수정체를 거쳐서 굴절되면서 눈의 뒤에 있는 망막에 모입니다. 망막에는 빛을 감지하는 두 종류의 시각 세포들이 존재합니다. 이들은 생긴 형상에 따라 막대세포와 원추세포라고 불려요. 한밤중처럼 아주 어두운 환경에서는 희미한 빛을 느끼는 막대세포가 작동합니다. 반면에 밝은 한낮에는 원추세포가 힘을 발휘합니다. 그런데 원추세포는 자신의 감도 곡선에 따라 다시 S, M, 그리고 L이라 불리는 세 종류로 나누어집니다. 감도 곡선은 각 세포가 가시광선 파장 범위에서 어느 파장 영역에 집중적으로 반응하는지 알려주는 곡선입니다. S세포는 파장이 짧은(Short) 파란색 빛에 주로 반응합니다. M세포는 녹색 계열의 중간(Medium) 파장의 빛에, L세포는 파장이 긴(Long) 빛

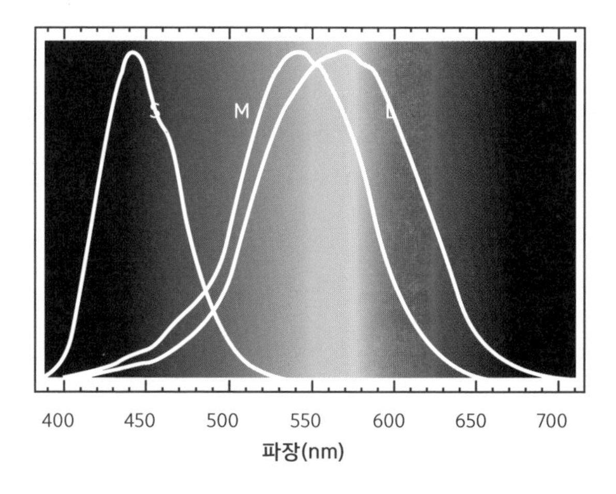

원추세포의 감도 곡선

에 반응한다는 것도 알 수 있지요. 이 세 종류의 원추세포가 빛에 어떻게 반응하는가에 따라 그 빛의 색상이 결정됩니다.

바나나를 예로 들어볼까요? 흰색 조명이나 햇빛 아래에 놓인 바나나는 자신에게 부딪히는 흰색의 빛 중 파란색 빛은 흡수하고 빨간색과 녹색 빛을 반사합니다(모든 물체는 특정 파장 대역은 흡수하고 나머지는 반사합니다. 이를 각각 흡수 스펙트럼, 반사 스펙트럼이라고 부릅니다.). 이 빛이 우리 눈에 들어오면 망막에 부딪혀 어떤 운명을 겪게 될까요? 파란색 영역을 포함하지 않은 이 빛은 당연히 M세포와 L세포만 자극을 하겠죠? 그러면 우리는 이 자극을 노란색으로 인지하게 됩니다. 즉, 우리는 눈에 입사된 빛이 S, M, L이라는 세 종류의 원추세포를 자극하는 정도에 따라 결정되는 색깔을 느낀다는 거죠. 이런 원리는 빨강, 녹색, 파랑으로 구성된 빛의 삼원색과 관련된 실험에서 이미 친숙해져 있을 것 같아요. 빛의 삼원색의 혼합도를 보면 빨간색 빛과 녹색 빛을 혼합하면 노란색 빛이, 녹색 빛과 파란색 빛을 섞으면 청록색이, 그리고 파란색 빛과 빨간색 빛을 합치면 자주색 빛이 합성됨을 보여줍니다. 이 삼원색 빛을 모두 섞으면 어떻게 될까요? 맞습니다. 흰색 빛이 되는 거지요. 다시 말하면 삼원색 빛을 적당히 혼합하면 S, M, L 원추세포를 자극하는 정도가 달라지면서 우리가 느끼는 색을 대부분 만들어낼 수 있습니다.

이런 원리는 매일 사용하는 디스플레이에도 적용됩니다. 디스플레이 화면을 구성하는 기본 단위를 화소(Pixel)라 부릅니다. 이 화면을 확대경이나 현미경으로 확대해 보면 하나의 화소는 다시 부화소(Sub-Pixel)라 부르는 세 영역으로 나뉘어 있는 걸 알 수 있습니다. 이 세 영역에서는 각각 빛의 삼원색이 방출됩니다. 세 빛이 동등하게 나오면 그 화소는 흰색

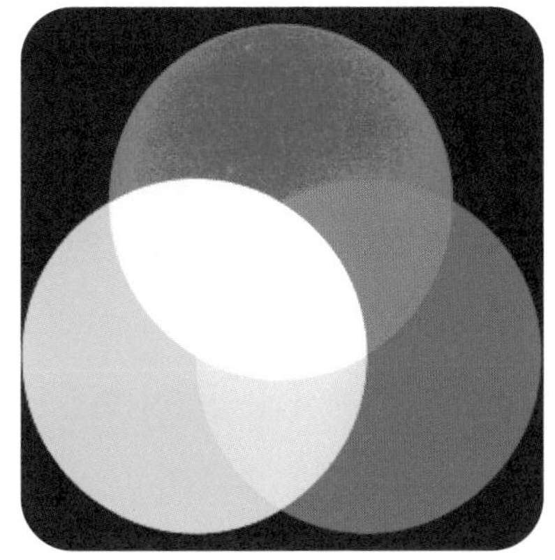

빛의 삼원색의 혼합도

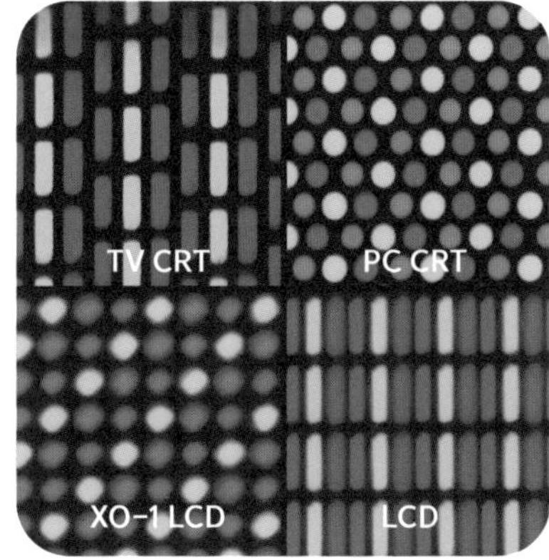

다양한 디스플레이 화면의 화소 구조

이 될 것이고 빨간색과 녹색의 부화소에서만 빛이 나오면 그 화소는 노란색이 되겠지요. 이처럼 디스플레이는 화소 내에서 방출되는 삼원색 빛의 비를 조절해 해당 화소의 색깔을 임의로 결정할 수 있습니다.

빛은 어떻게 창조되는가?

앞에서 우리는 빛의 성질에 대해 다루면서 자연의 다양한 빛이 빚어내는 아름다움에 대해 알아봤습니다. 그런데 우리 주변에는 자연의 빛만 있는 게 아니죠. 오히려 인간이 인공적으로 만들어 낸 빛에 둘러싸여 있는 경우가 더 많습니다. 그래서 지금부터는 인간이 어떻게 자신만의 빛을 창조해 왔는지 알아보도록 하겠습니다. 인류는 먼 과거부터 무언가를 태워서 빛을 얻었습니다. 나무나 짚, 동식물의 지방 등 다양한 물질이 타는 연소 과정에 동반되어 발생하는 빛과 열을 오랜 시간 동안 이용했습니다. 비록 그 빛이 매우 희미하더라도 우리의 먼 조상들이 한

백열등

밤중에 동굴 속에서 맹수를 피하며 지내기에는 충분했을 겁니다.

최초의 전기 조명이라면 어떤 램프가 떠오르나요? 그렇죠! 우리는 전기 조명의 시초를 발명왕 에디슨의 백열등, 즉 백열전구로 기억합니다. 그런데 백열전구가 등장하기 이전에도 전기 조명은 있었습니다. 바로 아크등입니다. 아크(Arc)란 높은 전압이 걸린 두 전극 사이에서 공기의 절연성이 파괴되면서 형성되는 전류의 흐름, 전기 방전을 말합니다. 일종의 인공 번개죠. 아크가 만들어질 때 나오는 강한 빛을 조명에 이용하는 등이 바로 아크등입니다. 소음도 크고 번쩍거림이 심해서 19세기 후반부에 주로 야외용 가로등이나 행사용 전등으로 많이 사용했습니다. 이렇게 야외에서 시작된 전기 조명을 실내로 끌어들인 것이 바로 에디슨의 백열등이죠.

사실 에디슨이 백열등을 처음으로 발명한 사람은 아닙니다. 당시 백열등에 대한 아이디어는 여러 사람이 제안했었고 특허도 많이 나와 있었지요. 에디슨의 공로라고 한다면 어느 정도 수명이 보장되는 백열등을 개발하고 이를 상용화하는 데 필수적인 전력 공급 시스템을 개발했다는 데 있습니다. 그러면 백열등은 어떤 원리로 빛을 낼 수 있는 걸까요? 백열등의 내부를 보면 공기를 빼고 질소처럼 화학적으로 안정한 가스가 들어간 유리구 속에 필라멘트가 지지대에 의해 고정되어 있습니다. 여기에 전류를 흘리면 필라멘트의 자체 저항으로 열이 발생하면서 그 온도가 섭씨 2,500도 이상 올라갑니다. 한번 생각을 해보세요. 우리가 백열등에 연결되는 전기 스위치를 켜면 이 작은 공간 속에 무려 2,500도가 넘는 발열체가 생기는 거예요. 그렇게 달궈지는 필라멘트는 빛을 냅니다. 이를 백열광이라 부르죠.

온도가 높은 물체가 빛을 내는 경우는 의외로 흔합니다. 더 정확히 얘기하자면 온도를 가지는 모든 물체는 전자기파를 방출합니다. 여기서 물리적으로 정확히 설명하기는 쉽지 않지만, 전자기파의 방출은 기본적으로 물체를 구성하는 원자들의 진동과 관련되어 있습니다. 사람의 몸처럼 섭씨 36.5도 정도의 온도를 가진 동물이나 물체들은 눈에 보이지 않는 적외선을 방출합니다. 방울뱀은 먹이가 되는 작은 동물의 몸에서 방출되는 적외선을 감지해 사냥하지요. 제철소의 용광로에서 쇳물이 녹는 과정을 떠올려볼까요? 철광석 온도가 올라가 섭씨로 대략 700~800도에 도달하면 검붉은 빛이 희미하게 나오기 시작합니다. 온도를 더 올리면 쇳물이 방출하는 빛의 색감이 붉은색에서 노란색으로, 그리고 흰색으로 바뀌어 갑니다. 만약 온도를 더 올릴 수 있다면 푸르스름한 색감의 빛으로 바뀔 거예요. 백열등 필라멘트의 온도는 우리에게 익숙한 따뜻한 느낌의 노란색 빛을 방출할 정도입니다. 이 빛을 조명에 이용하는 것이지요. 그렇지만 백열등에서는 사실 적외선이 압도적으로 많이 나옵니다. 비중으로 따지자면 적외선의 에너지 비중이 90퍼센트 이상, 가시광선은 5~7퍼센트 정도에 불과합니다. 이처럼 백열등은 전기에너지를 빛으로 바꾸는 효율이 낮아 많은 나라에서 백열등의 생산이나 사용을 금지하는 추세랍니다.

자, 이제 아직도 우리 생활에서 큰 비중을 차지하는 형광등으로 가보

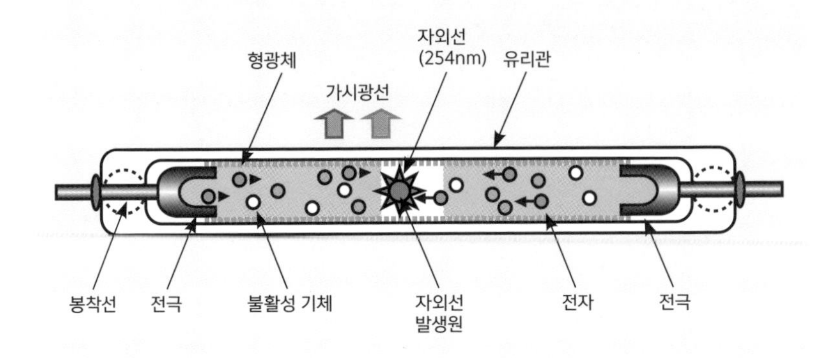

형광등의 단면도

죠. 여러분은 형광등이 어떻게 은은한 흰색 빛을 내는지 생각해본 적이 있는지요? 형광등은 램프의 양끝단에 전극이 설치되어 있고 내부에는 아르곤이나 네온과 같은 불활성 기체가 자외선 방출원인 수은과 함께 들어 있습니다. 유리관의 내벽에는 형광체라 불리는 특별한 물질이 코팅되어 있고요. 전극에 높은 전압이 걸리면 전자들이 방출되고 내부를 채우는 기체 분자와 부딪히면서 형광등의 내부는 자외선을 방출하는 플라즈마 상태를 형성합니다. 254나노미터의 파장을 가진 자외선이 형광등을 빠져나올 때는 유리관에 코팅된 형광체를 반드시 만나겠죠? 이때 형광체의 역할이 매우 중요하답니다. 형광체란 외부의 에너지를 흡수해서 이를 가시광선으로 바꿔주는 물질입니다. 따라서 플라즈마에서 빠져나가는 자외선은 형광체를 만나 가시광선으로 변환되는 거죠. 형광체는 보통 자외선을 흡수해 빨강, 녹색, 그리고 파란색 빛으로 바꾸는 세 종류를 섞어서 사용합니다. 그래야 이 세 빛이 혼합되면서 흰색의 조명을 구현할 수 있겠죠?

마지막으로 21세기의 조명으로 불리는 발광 다이오드를 살펴볼게요. 발광 다이오드는 영어로 'Light-Emitting Diode'라 불리기 때문에 보통 약자로 LED라 부릅니다. LED는 한마디로 반도체 조명입니다. 두 종류의 서로 다른 반도체를 붙여서 다이오드를 만들고 여기에 전류를 흘려주면 전기에너지 일부가 빛으로 바뀝니다. 사용하는 반도체의 종류나 조성에 따라 방출되는 빛의 색을 조절할 수 있죠. 오늘날에는 적외선에서 자외선 대역에 이르기까지 다양한 파장의 LED가 개발되어 사용되고 있습니다. 이 중에서 파란색 빛을 내는 청색 LED를 개발한 세 명의 과학자들이 2014년 노벨 물리학상을 받은 바 있습니다. 이 사실은 노벨상을 수여할 만큼 LED 기술이 중요하고 일상생활에 끼치는 영향도 커졌다는 걸 의미합니다. 오늘날 LED 조명은 백열등은 물론 형광등보다 효율이 더 높아져 디스플레이용 광원뿐 아니라 일반 조명으로도 그 쓰임새가 급속히 확대되고 있습니다.

그런데 LED를 조명으로 사용하려면 흰색 빛을 내야 하는데, LED 자체는 특정 색깔의 빛만을 냅니다. 이런 LED를 이용해 어떻게 백색을 구현할까요? 우선 생각할 수 있는 방법은 빛의 삼원색인 빨강, 녹색, 파랑 빛을 내는 삼색 LED를 이용해서 이들이 내는 빛의 삼원색을 균일하게 잘 섞는 것입니다. 그런데 이보다 더 보편적으로 사용되는 방법은 형광등에서 소

삼색 LED

개했던 형광체란 물질을 이용하는 것이지요. 형광등에서 형광체는 자외선을 가시광선으로 바꿔주는 역할을 한다고 했던 것 기억하나요? 백색 LED를 만들기 위해서는 청색을 내는 LED 위에 황색 형광체를 코팅합니다. 그러면 청색 LED가 내는 파란색 빛의 일부는 외부로 그대로 빠져나오고 나머지는 황색 형광체에 흡수된 후 노란색 빛으로 바뀝니다. 밖에서 보면 파란색과 노란색 빛이 섞여 보일 텐데 이 두 빛이 만나면 흰색 빛이 됩니다. 황색 형광체 대신에 녹색과 적색 형광체를 섞어서 코팅하는 경우도 흔합니다. 이렇게 되면 청색 LED의 빛을 받은 두 종류의 형광체는 녹색과 빨간색 빛을 방출하니 역시 흰색이 만들어집니다.

백색 LED는 원래 디스플레이용 광원으로 활용되었답니다. 오늘날 가장 많이 사용되는 평판 디스플레이 중 하나인 액정표시장치(Liquid Crystal Display), 즉 LCD는 스스로 빛을 내지 못하기 때문에 뒤에서 백색 조명이 빛을 비춰 줘야 합니다. 이 빛을 이용해 LCD 화면의 화려하고 현란한 영상이 만들어집니다. 이때 뒤에서 백색광을 비춰주는 조명장치를 백라이트라 하는데 그 광원으로 백색 LED가 사용되고 있습니다. 즉, 백색 LED는 평판 디스플레이의 대표주자인 LCD의 조연 역할을 훌륭히 담당하고 있는 거죠. 오늘날 LED는 형광등의 자리를 노리며 일반 조명의 자리까지 넘보고 있습니다. 이미 많은 공공건물과 야외용 조명, 그리고 가정의 조명까지 LED로 대체되고 있는 추세입니다. LED의 효율이 계속 올라가고 있고 다양한 디자인으로 설계할 수 있는 유연성이 높기 때문에, 게다가 형광등은 수은이라는 유해물질을 포함하고 있어서 장기적으로는 대체가 불가피하므로 LED는 그 영역을 계속 넓혀 나갈 것으로 예상합니다.

빛의 미래는 어떤 모습일까?

유엔에서는 2015년을 '세계 빛과 광기술의 해'로 선언한 바 있습니다. 이는 오늘날 우리 삶과 문명에서 빛과 광기술이 얼마나 중요한 역할을 하고 있는지, 그리고 인류가 당면한 다양한 문제를 해결하는 데 있어서 광기술이 어떻게 해법을 제시하며 지속 가능한 발전을 이끌 수 있는지를 강조하기 위해 마련되었습니다. 우리 주위를 가만히 둘러봐도 빛을 다루는 광기술이 우리 생활에 미치는 영향이 얼마나 큰지 알 수 있지요. 우리가 매일 사용하는 와이파이와 같은 무선통신은 수 기가헤르츠 대역의 전자기파를 사용하고 있고, 정보통신의 혈류라 할 수 있는 광통신의 경우 적외선이 이용됩니다. 최근에는 가시광선을 이용하는 통신도 개발되고 있어요. 여기에는 LED가 사용됩니다. 형광등과는 다르게 LED는 사람이 느끼지 못할 정도로 빠르게 점멸시킬 수 있습니다. 우리가 보기에는 그냥 켜져 있는 것으로 보이지만 실제로는 매우 빠르게 온오프(On-Off)가 되는 거죠. 이때 가령 켜져 있는 상태를 이진수의 0, 꺼져 있는 상태를 이진수의 1에 대응시키면 LED의 점멸을 통해 이진수 정보를 전달할 수 있습니다. 이런 방법을 이용하는 통신을 가시광 무선통신이라 부른답니다. 마트에서 이를 활용할 수 있는 예를 하나 들어볼까요? 우리가 들고 있는 휴대폰에는 조도 센서가 있습니다. 빛의 밝기를 감지하는 센서죠. 여러분이 마트에서 어떤 특정 상품 앞에 있다고 해봅시다. 모션 센서로 여러분의 위치를 감지한 머리 위의 LED 조명이 여러분이 보고 있는 상품의 정보를 빛의 점멸을 통해 휴대폰의 조도 센서에 전달하면 휴대폰은 그 정보를 받아 화면에 띄웁니다. 그럴듯하지 않나요?

2015년 세계 빛과 광기술의 해의 로고. 가운데 배치된 태양을 중심으로 과학, 예술, 문화, 교육 등 다양한 분야에 적용되는 광기술을 상징한다.

이런 방법이 실제로 구현된다면 LED로 구성되는 거리의 신호등이나 가로등, 가정집 조명등도 통신에 활용할 수 있겠죠. 이런 방식의 스마트 조명은 앞으로 사물인터넷(Internet of Things, IoT)의 일부로 우리 생활에 자리 잡을 것으로 예상합니다.

새로운 물질을 통해 빛을 구현하는 연구도 활발히 진행되고 있습니다. 여기서는 영어로 퀀텀닷(Quantum Dot)이라 부르는 양자점에 대해서만 소개하겠습니다. 양자점은 수 나노미터의 크기를 갖는 나노 반도체를 얘기합니다. 반도체를 이 정도로 작게 줄이면 큰 물질에서 보이지 않는 새로운 특성들이 나타납니다. 이런 양자점 물질에 에너지를 공급하면 형광체와 비슷하게 빛을 방출합니다. 재미있는 건 방출되는 빛의 색깔이 양자점의 크기에 따라 달라진다는 사실입니다. 똑같은 반도체라도 양자점의 크기가 상대적으로 클 때는 빨간색 빛이 나오지만 크기를 줄이면 노란색, 녹색, 파란색을 거쳐 보라색까지 만들어 낼 수 있습니다. LED에 사용되는 형광체의 방출광과 비교해 보면 양자점이 내는 빛은 발광 스펙트럼의 폭이 매우 좁다는 특징을 가집니다. 빛을 구성하는 파장 성분이 좁다는 거죠. 미술의 용어를 빌리자면 채도가 높은, 즉 색의 순도가 높은 빛을 만들 수 있습니다. 이는 디스플레이의 색상 구현 능력을 높이는 데 매우 유리합니다. 그래서 최근에 나오는 LCD TV 중 일부는 백색 LED의 형광체 대신에 양자점을 집어넣어 디스플레이의 색 구현력을 획기적으로 높인 제품이 출시되고 있습니다. 양자점 조명은 이 외에도 식물 생장용 조명이나 인간 친화적 조명, 바이오 센서 등 다양한 응용 분야에서 연구되고 있거나 활용되고 있습니다.

이제 제 얘기를 마무리할 시간이 되었네요. 오늘날 우리는 가시광선뿐 아니라 전자기파 전체 파장 대역을 정보통신 문명에 활용하고 과학기술에도 이용합니다. 천문학자들의 망원경은 단지 가시광선만을 보지 않습니다. 전파, 적외선, 자외선, 엑스선, 감마선 등 다양한 전자기파를 감지하는 온갖 종류의 망원경이 지상과 우주 궤도에서 활약하면서 우주의 신비를 한 꺼풀씩 벗기고 있습니다. 빛은 과학기술 대부분의 분야에서 대상의 인지, 탐지와 검출의 핵심 수단으로 필수 불가결한 존재가 되었

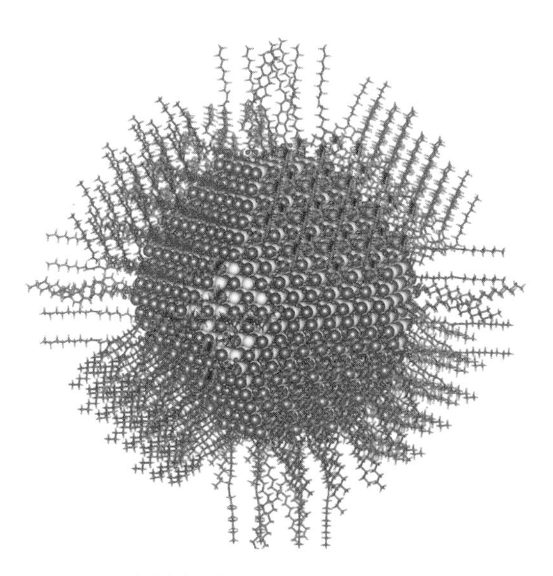

양자점이라 불리는 나노 반도체의 모식도

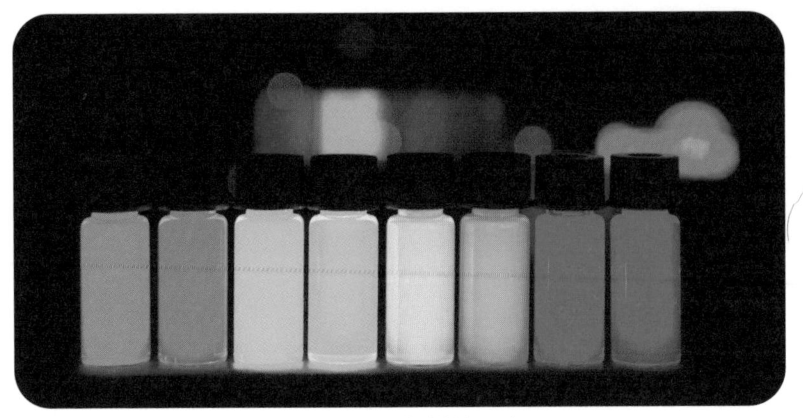

자외선을 쪼인 양자점들이 크기에 따라 서로 다른 색의 빛을 방출하는 모습

죠. 레이저, LED 등 광기술의 새로운 혁신이 있을 때마다 우리의 삶은 크게 변화됐고 앞으로도 빛의 기술이 우리의 미래를 혁신할 것이라는 점도 분명합니다. 특히 지구온난화처럼 인류가 당면한 심각한 문제들의 해결에도 광기술의 역할은 매우 중요할 것이라 보입니다.

그렇지만 무엇보다 우리는 빛을 통해 세상을 바라봅니다. 눈에 감지되는 빛으로 대상의 밝기와 색상을 인지합니다. 우리가 감각 기관들을 통해 받아들이는 정보의 80퍼센트 이상은 시각적 형태로 받는다고 하죠. 이를 통해 우리는 사랑하는 사람을 봅니다. 아름다운 자연을 보며 지구의 소중함을 느낍니다. 지금도 저 하늘에는 파란 하늘과 구름뿐 아니라 무지개와 빛기둥, 햇무리 등 보석 같은 빛의 현상이 숨어 있을지도 모릅니다. 어느 미술평론가는 "사랑하면 알게 되고, 알면 보이나니, 그때 보이는 것은 전과 같지 않으리라."라는 표현으로 미술품의 관람에 있어 지식의 중요성을 강조한 바 있죠. 빛에 대해 더 잘 알게 된 지금, 여러분이 보는 자연과 하늘의 모습은 그 이전과는 분명 다를 것입니다. 매일 걷는 거리, 매일 보는 하늘이지만 끊임없이 변하는 모습에서 빛이 펼치는 마술같은 순간을 함께 느껴보는 건 어떨까요?

고재현

서울대학교 물리학과를 졸업하고 한국과학기술원(KAIST) 물리학과에서 박사학위를 받았다. 그 후 일본 츠쿠바 대학교와 삼성코닝 연구원을 거쳐서 현재 한림대학교 나노융합스쿨 교수로 재직하고 있다. 디스플레이와 레이저 분광학 분야에서 교육 및 연구를 하고 있다. 《한국일보》와 《세계일보》 등 일간지에 과학 칼럼을 연재하면서 과학 대중화의 중요성을 느끼고, 매년 10월 마지막 토요일에 전국 도서관에서 진행하는 '10월의 하늘' 강연 등 다양한 과학 강연으로 학생들과 만나 왔다. 지은 책으로는 『빛 쫌 아는 10대』가 있다.

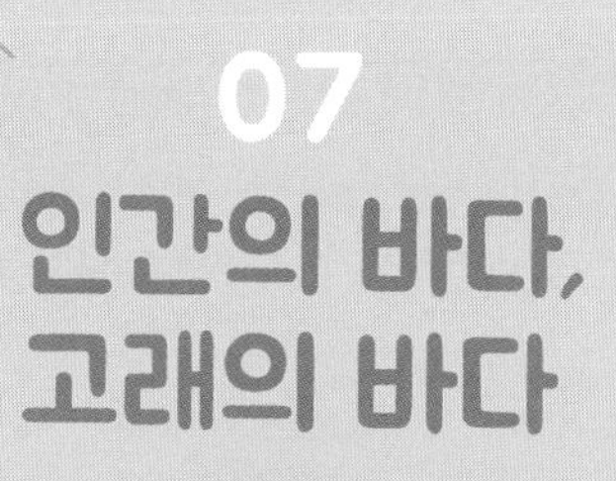
07
인간의 바다,
고래의 바다

장수진

돌고래를 연구하는 과학자

저는 돌고래를 연구하고 있습니다. 연구하기 전까지는 한 번도 실제로 돌고래를 본 적이 없었습니다. 바다를 그렇게 좋아하지도 않았죠. 그러던 제가 하루에 10시간씩 바다를 바라보며 고래 보는 일을 몇 년째 계속하고 있으니 정말 전에는 상상하기조차 힘든 일이 일어난 것이죠.

시작은 귀뚜라미였습니다. 제 전공인 행동생태학은 동물의 행동을 관찰하고 분석해서 이를 바탕으로 그 동물이 어떻게, 그리고 왜 이렇게 진화하게 되었는지를 탐구하는 학문입니다. 처음 이 분야의 연구를 시작할 때는 귀뚜라미의 의사소통이 저의 관심사였습니다. 수컷 귀뚜라미가 암컷을 유혹하려고 내는 노랫소리에 어떤 전략적 선택이 일어나는지, 같은 종의 귀뚜라미가 내는 소리가 지역적으로 차이가 있는지를 관찰하였습니다. 전국의 산과 들을 다니며 귀뚜라미를 채집하고, 노랫소리를 녹음했지요. 연구실에 돌아와 녹음해온 소리를 분석하다가 뭔가 차이가 있는 결과를 발견했을 때의 흥분은 짜릿하기 그지없는 경험이었습니다. 그때부터 음향을 이용한 동물의 의사소통을 연구하고 싶다는 생각을 하게

왕귀뚜라미

왕귀뚜라미의 소리 구조

되었습니다.

인간을 제외하고 소리를 가장 잘 사용하는 동물은 누구일까요? 육지에서 다양한 새들과 박쥐가 소리를 적극적으로 활용한다면 바다에서는 돌고래를 들 수 있을 겁니다. 박쥐와 같이 소리를 이용해 주변의 환경을 파악하고, 주위 가족이나 친구들과 의사소통을 하는 데도 소리를 이용합니다. 동물의 음향을 연구하고자 하는 과학자에게 돌고래는 한 번쯤 연구해보고 싶은 대상입니다. 저도 물론 그런 꿈을 꾸었답니다.

하지만 돌고래 연구를 시작하는 건 그렇게 쉬운 일이 아니었어요. 돌고래를 연구하는 해외 연구기관에서는 학생을 받기 전에 수영은 충분히 잘하는지, 멀미는 하지 않는지, 20킬로그램 이상의 무거운 물체를 잘 들어 옮길 수 있는지 등을 묻습니다. 바다에서 많은 연구 장비를 가지고 다니며 연구할 수 있는지를 알아보기 위한 질문이죠. 그중 가장 중요한 것은 배를 타고 연구해본 경험이 있는가 하는 것입니다. 물론 바다에는 전혀 관심 없이 산과 들로만 쏘다닌 저는 그런 경험이 있을 리가 없었지요. 돌고래를 연구하고 싶다면 자원봉사 등을 통해 그런 경험을 쌓아야만 했지만, 그 당시 저에게는 그런 일을 할 만한 여유가 충분치 않았습니다. 그래서 어쩔 수 없이 돌고래 연구를 마음에서 접고 다른 동물을 연구하기 위해 해외 박사과정을 준비하고 있었습니다.

제돌이와 제주 남방큰돌고래

그렇게 시간을 보내던 어느 날, 석사과정을 보냈던 연구실의 지도교수님께 연락이 왔습니다. 돌고래의 행동을 연구하는 프로젝트가 있는데 참여해보겠냐는 제안을 하셨지요. 2012년 겨울, 그렇게 서울대공원에 있던 남방큰돌고래 제돌이를 만나게 되었습니다.

원서식지인 제주도에서 잡혀, 불법거래를 통해 서울로 오게 된 제돌이는 수족관에서 4년째 지내며 공연을 하고 있었습니다. 2012년, 서울시는 불법적으로 거래된 남방큰돌고래를 제주도의 고향 바다로 돌려보내기로 결정했지요. 돌고래를 방류시키려면 돌고래가 원래 살던 서식지가 어디인지, 그곳에 원래 함께 지내던 무리가 있는지, 건강상태는 문제가 없는지, 수족관에서 지내던 돌고래가 바다에 나가서 생존할 수 있는 능력을 가지고 있는지를 판단하기 위한 여러 가지 평가가 필요합니다. 모든 평가에서 문제가 없어야만 방류가 가능해요. 저는 제돌이 방류를 위한 행동연구팀에 참여하게 되었습니다.

남방큰돌고래는 우리나라 제주도 연안을 서식지로 하는, 몸길이 2.5미터가량의 돌고래입니다. 총 120여 마리가 제주를 고향으로 삼아 살아가고 있지요. 연안에서 멀리 떨어지지 않고 제주 주변을 돌아다니며 다양한 종의 물고기와 오징어류를 먹이로 삼습니다. 120마리가 항상 함께 다

무리를 지어 이동하는 제주 남방큰돌고래

니지는 않습니다. 나이, 성별, 친분, 혈연 등 다양한 조건에 따라 크고 작은 무리를 구성하고, 큰 무리로 합쳤다 작은 무리로 흩어졌다 하는 일을 반복합니다. 이것을 이합집산(Fission-Fussion)이라고 합니다. 끊임없이 이합집산하는 돌고래들은 휘파람과 같은 휘슬음(Whistle Sound)을 이용해 무리 안의 서로를 구별하고, 힘을 합쳐 먹이를 사냥하기도 하고 함께 육아를 하기도 합니다. 근처 일본에도 남방큰돌고래가 살고 있지만, 연안을 벗어나지 않는 그들의 특성대로 제주 남방큰돌고래들은 평생 제주 바다를 떠나지 않고 살아갑니다.

제주 바다에서 새로운 삶을 시작한 방류 돌고래들

제돌이는 이곳에서 잡혀 왔습니다. 다른 어류를 잡기 위해 설치한 정치망이라는 그물에 우연히 들어갔던 것이지요. 그리고 그 이후 넓은 바다를 집으로 삼아 활개 치던 돌고래는 길이가 채 15미터도 되지 않는 작은 수족관에 갇혀 지내고 있었습니다. 수족관에서 살던 돌고래를 바로 바다에 풀어줄 수는 없습니다. 항상 일정한 온도와 환경이 유지되는 수족관과 달리 끊임없이 변화하는 바다의 환경에 익숙해져야만 하지요. 수족관에서 먹던 냉동 생선은 사육사가 입으로 넣어 주지만 바다의 물고기들은 전력을 다해 돌고래들로부터 도망갈 테니 그에 맞는 사냥 능력 또한 키워야 합니다. 제가 연구팀에서 한 일은 수족관과 가두리에서 방류 돌고래가 바다로 돌아가기에 적합한 행동을 보이는지, 수족관에서 보이던 정형행동(Stereotypic Behavior, 특별한 목적이 없이 반복적이고 지속적으로 나타나는 행동)이 지속되지 않는지, 훈련기간 동안 제공하는 살아 있는 먹이들을 잘 사냥하는지를 관찰하는 일이었습니다.

2013년에 이루어졌던 첫 방류는 우리나라 최초이자 아시아 최초의 남방큰돌고래 방류 시도였습니다. 제돌이와 마찬가지로 제주에서 우연히 그물에 걸려 제주의 한 수족관에 팔려갔던 춘삼이와 삼팔이가 함께 방류 대상이 되었습니다. 그리고 2013년 4월과 5월에 각각 춘삼이와 삼팔이, 제돌이가 제주의 방류 훈련 가두리로 이송되었습니다. 지름 30미터의 가두리로 옮겨온 돌고래들은 어느새 넓어진 가두리에서 활발하게 움직이기 시작했습니다. 누가 시키지 않아도 가두리 안에서 빠르게 헤엄치거나 뛰어오르는 행동이 늘어났습니다. 가두리에 우연히 들어가게 된 수건, 그물의 틈새로 들어온 해조류나 작은 거북복(복어의 한 종류) 등을 이리저리 가지고 노는 행동도 다양해졌습니다. 먹이로 주었던 전갱이라는 물고기의 등지느러미쪽에는 강한 가시가 있어 먹을 때마다 입 안에 상처가 생겼지만, 2~3주쯤 지나자 어느새 요령이 생겨 상처 없이 삼킬 수 있게 되었습니다. 먹이로 들어간 물고기들을 따라가기 급급하던 체력이 늘어나 어느새 먹이를 가지고 놀 수 있게 된 것이지요.

누구보다 새로운 물체에 먼저 접근하고 놀이 행동을 보이던 호기심 가득한 삼팔이는 방류일이 되기도 전에 태풍과 조수간만의 차로 찢어진 그물의 틈새를 비집고 나가버렸습니다. 가두리에서 나가기 무섭게 2미터 가까이 되는 거대한 해조류를 등지느러미에 걸고 열심히 놀이 행동을 보이던 삼팔이는 스스로 바다로 돌아가 야생 돌고래 무리에 합류했습니다. 이어 2013년 7월 18일, 등에 1과 2의 동결 표식을 하고 위성추적장치를 단 제돌이와 춘삼이 또한 가두리를 벗어나 제주 바다에서 새로운 삶을 시작하게 되었습니다. 그리고 그간 수족관과 가두리에서 돌고래들을 관

방류 훈련 중인 제돌이

방류 훈련 중인 춘삼이와 삼팔이

찰하던 저의 연구도 자연스럽게 방류 돌고래들이 만난 야생의 남방큰돌고래들로 확장되었습니다.

야생에서 방류 돌고래들을 찾는 일은 그리 수월하지만은 않습니다. 위성추적장치에서 보내는 신호를 위성에서 받아 그 위치를 삼각측량법을 통해 계산합니다. 수중에서는 신호를 보낼 수 없기 때문에 돌고래들이 수면 위로 숨을 쉬기 위해 올라왔을 때만 신호를 잡아 계산할 수 있습니다. 그러나 돌고래는 생각보다 빠르게 움직입니다. 수면 밖으로 위성추적장치가 드러나는 짧은 시간 동안 가까운 위성에서 위치를 계산할 만큼 충분치 않다면 위치를 알 수 없거나 오류가 커지게 됩니다. 제주도에 있는 돌고래를 일본에서 출몰했다고 계산하는 경우도 있지요. 제가 제주도에서 돌고래를 관찰하고 있던 바로 그 시간에 말입니다. 이런 식으로 계산하고 취합한 위치 정보는 위성추적시스템을 제공하는 회사에서 모아 연구자들에게 전날의 위치 자료를 보내줍니다. 그래서 우리는 돌고래가 어제 어디 있었는지를 대략 파악할 수 있습니다. 따라서 방류 돌고래들을 찾기 위해서는 위성추적장치의 정보를 보조적으로 활용하고 직접 제주도를 돌며 찾는 수밖에 없습니다. 저를 비롯한 행동연구

야생의 무리와 함께 헤엄치는 제돌이

팀은 제주도의 해안도로를 따라 방류 돌고래들을 매일같이 찾아다녔고, 결국 모든 방류 돌고래들이 야생의 남방큰돌고래 무리에 받아들여진 것을 확인했습니다. 무엇보다도 인상적이었던 것은 거센 파도 사이에서 몇 번이고 반복해서 높이 뛰어오르던 제돌이를 관찰했던 그 순간이었습니다. 가두리에서 아무리 훈련을 했다고 하더라도 하루에 수십~수백여 킬로미터를 돌아다니는 야생 돌고래들에 비해 체력이 부족하지 않을지 걱정을 하며 풍랑주의보가 내린 제주도를 돌아다니던 때였습니다. 저 멀리 돌고래 한 마리가 힘차게 뛰어오릅니다. 한 번, 두 번, 세 번… 십여 회를 훌쩍 넘기고도 거듭 뛰어오르는 돌고래를 쌍안경으로 보았을 때 선명하게 보이는 등지느러미의 1번은 연구팀 모두를 환호하게 했습니다.

그 이후로 방류되었던 돌고래 중 암컷인 삼팔이와 춘삼이가 무사히 새끼를 출산해 데리고 다니는 모습이 2016년(둘 모두 2016년에 처음 발견)에 확인되었습니다. 세계에서 고래류의 방류는 꽤 여러 번 이루어졌지만, 무사히 원 개체군으로 돌아가고 새끼를 낳은 것이 확인된 것은 최초입니다. 서울시, 제주도, 시민단체와 연구진들로 구성된 방류위원회의 노력이 결

2016년에 새끼를 낳은 삼팔이

실을 본 것을 다시 한번 확인했던 순간입니다.

야생에서 고래를 연구하는 법 - 육상 조사와 해상 조사

야생에서 고래류를 연구하는 데는 어디서 진행하는가에 따라 육상 조사와 해상 조사로 나눠볼 수 있습니다. 말 그대로 육상 조사는 특정 장소에 머무르거나 차를 이용해 장소를 옮겨 다니며 육상에서 고래를 관찰하는 조사법입니다. 제가 속한 연구팀은 주로 차량을 이용하여 제주도의 해안도로를 따라 이동하며 고래를 탐색하고 추적하고 관찰하는 육상 조사법을 주로 사용합니다. 연안 가까이에서 대부분 생활하는 연안 정착성을 지닌 남방큰돌고래의 특성과 관광지로서 해안도로를 잘 마련해 둔 제주도의 특성을 결합할 수 있기에 가능한 방법입니다.

그러나 육상에서 조사가 어렵거나 해상에서 자료를 수집해야 할 경우에는 선박을 이용한 해상 조사를 진행하기도 합니다. 외국의 고래류 연구에서 더 많이 활용되고 있는 방법입니다. 육상 조사는 좀 더 넓은 시

육상 조사

선박을 이용한 해상 조사

야로 고래의 이동이나 행동을 관찰할 수 있다는 장점이 있지만, 거리가 멀어질 경우에는 자료를 수집하기가 어렵습니다. 반면 선박을 이용한 해상 조사는 조사 대상에 더 가까이 근접해 더 좋은 사진 자료 등을 수집할 수 있다는 장점이 있습니다. 또한 물속에서 연구를 하려면 선박은 필수겠지요.

저마다의 특징을 찾아내는 사진 식별법

고래류를 연구하는 데 가장 많이 사용되는 연구 방법 중 하나는 사진 식별법입니다. 사진을 통해 개체를 식별하는 방법이지요. 사람은 서로를 얼굴로 구별하지만, 우리와 종이 다른 동물들의 얼굴만 보고 각각의 개체를 구별하기는 쉽지 않습니다. 그러나 각각의 개체를 정확히 파악해야만 누가 어떻게 사는지, 혈연관계는 어떻게 되는지, 누구와 유독 친하게 지내는지 등을 파악할 수 있습니다. 그리고 그 정보를 이용하여 개체군의 특성, 생활사, 서식지 이용, 사회구조, 의사소통 등의 진화에 관한 연구가 가능합니다.

개체마다 모양이 다른 남방큰돌고래의 등지느러미

사진 식별법을 활용하기 위해서는 개체마다 가진 독특한 특징들을 잡아내야 합니다. 대체로 전신에 있는 다양한 신체적 특징들이 이용되는데, 특히 큰 고래류에서는 꼬리지느러미의 특징과 등면 무늬를, 돌고래류에서는 등지느러미의 형태를 주로 이용합니다. 제주의 남방큰돌고래 또한 등지느러미의 형태와 상처를 통해 각각의 개체를 구별할 수 있습니다.

태어날 때는 상처가 전혀 없던 돌고래들이 나이가 들며 서로 싸우고 장난치면서, 주변의 바위나 모래에 몸을 문지르면서, 상어와 같은 천적을 만나면서, 인간이 버린 쓰레기나 낚싯줄 등에 의해 다양한 상처를 갖게 됩니다. 상처들이 비슷할 수는 있지만, 완벽히 동일할 수는 없습니다. 모든 개체가 동일한 삶을 살지는 않기 때문이지요. 어린 개체보다는 나이 든 개체와 더 활발하고 공격적인 성격을 갖는 개체들이 대체로 상처가 더 많은 편입니다. 이 상처들은 돌고래들의 역사를 기록하는 수단이 됩니다. 연구자들은 매년 조금씩 늘어나거나 치유되는 상처들을 이용해 개개의 돌고래들의 삶의 변화를 기록합니다.

소리로 움직임을 파악하는 음향 연구

고래류의 음향과 의사소통을 연구하기 위해서는 물속에서 소리를 녹음해야만 합니다. 고래가 내는 소리는 눈으로 관찰하기 어려운 고래류를 탐색하거나 사람이 직접 들어가지 못하는 장소에서 고래의 행동과 이동을 이해할 수 있는 단서가 됩니다. 물속에서 나는 소리를 녹음하기 위해서는 수중청음기를 사용하는데, 물속에 넣을 수 있도록 방수 처리가 되어 있고 물속에서 발생하는 다양한 소리들을 녹음할 수 있답니다. 궁금해하는 주제에 따라 일시적으로 녹음기를 넣은 후 녹음을 시도하고 빼내기도 하지만, 일주일이나 한 달 이상 오랜 기간 작동하는 기기를 바다에 설치해 두는 경우도 있습니다. 이렇게 녹음된 소리는 그 시간적 특성이나 주파수를 분석하고 통계 처리하여 다양한 상황에서의 소리 활용과 의사소통을 파악하는 데 이용됩니다.

수중에서 소리를 녹음할 때 어려운 점은 바다가 생각보다 조용하지 않다는 것입니다. 바닷속에는 파도 소리, 물결에 바닥의 모래나 돌이 굴러다니는 소리, 어류나 딱새우처럼 소리를 내는 다른 바다 생물들의 소리, 지나가는 뱃소리나 주변 바다에서 공사하는 소리들이 모두 함께 녹음됩니다. 다양한 소리들 중에 돌고래 소리의 특성을 유지하면서 다른 소리들의 소음을 잘 제거하는 것이 음향 연구에서 매우 중요합니다. 모든 소음을 제거하는 것이 아니라 필요한 소음을 남겨 바닷속에서 자연스럽게 발생하는 소리나 인간이 바다를 이용하면서 만들어내는 소리들이 있을 때 변화하는 돌고래의 소리의 특성을 연구하기도 합니다.

제주 남방큰돌고래는 휘파람처럼 들리는 휘슬음과 여러 개의 딸각거

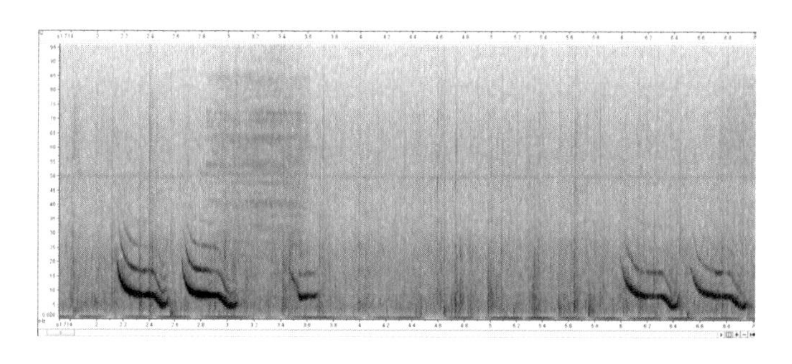

남방큰돌고래의 휘슬음

리는 매우 짧은 소리(Click)들이 일정한 간격으로 연속해서 나타나는 클릭음(Pulsued Sound)을 이용해 의사소통을 합니다. 휘슬음에 비해 훨씬 더 높은 주파수를 이용하는 클릭음 중에 클릭 사이의 간격이 긴 반향정위(Echolocation)라는 소리가 있습니다. 돌고래는 이 반향정위 클릭음을 쏘아 보내고 이 소리가 물체에 부딪혀 되돌아오는 소리를 포착해 소리가 부딪힌 물체의 특성, 크기, 방향, 거리 등을 파악할 수 있습니다. 덕분에 공기 중에 비해 시야가 좋지 않은 뿌연 물속에서도 문제없이 먹이를 찾을 수 있지요.

그 밖의 다양한 연구 방법들

위에서 설명한 것 이외에도 전 세계적으로 다양한 연구 방법들이 고래류 연구에 사용됩니다. 작은 바늘을 쏘아 피부 조직과 피부 아래쪽의 지방층을 채취하여 얻은 고래의 DNA와 지방층에 쌓인 호르몬을 분석할 수도 있습니다. 최근에는 지방층에 쌓인 오염 물질에 관한 연구를 진행하기도 합니다. 기술이 발전하면서 위성추적장치는 점점 더 작아지고 오래 작동하도록 개발되고 있습니다. 위치뿐만 아니라 방향, 깊이와 주변 해양 환경까지 함께 측정할 수도 있습니다. 바다에 설치하지 않고 고래나 돌고래의 몸에 직접 부착하는 카메라인 크리터캠(Critter Cam)이나 소형 녹음기를 사용해 물속에서 고래의 행동과 소리를 한꺼번에 관찰하기도 합니다. 이런 기술을 통해 향고래와 민부리고래가 바닷속으로 2킬로미터 이상 잠수할 수 있다는 사실도 밝혀냈습니다. 이렇게 몸에 부착해야 하는 장비들은 부착한 동물에 피해를 덜 주고, 시간이 지나면 자연스럽게 떨어질 수 있도록 끊임없이 개선되고 있습니다.

드론을 이용한 연구도 활발하게 이루어지고 있습니다. 드론을 날려 사람이 관찰하던 것보다 더 자세하게 고래류의 행동을 관찰하거나, 커다란 고래가 호흡할 때 내뿜는 공기와 수분을 채취하기도 합니다. 이렇게 수집한 고래의 숨에서는 고래의 체내 미생물이나 호르몬에 대한 정보를 얻을 수 있습니다. 지구 주변을 돌고 있는 위성으로 사진을 찍어 사람이 접근하기 어려운 바다를 이동하는 고래류를 탐색하기도 합니다. 기술이 발전할수록, 그간 들여다보지 못했던 깊은 바닷속을 터전으로 하는 이 생물들을 관찰할 수 있는 방법도 늘어나고 있습니다.

그러나 아쉽게도 수십 년간 고래를 연구해 온 해외의 뛰어난 연구기관들과 달리 우리나라는 고래를 연구하기 시작한 지 얼마 되지 않았습니다. 국가기관인 국립수산과학원에서 고래연구센터를 만든 것이 2004년이며, 민간 연구자들도 많지 않습니다. 다른 나라에 비해 고래 연구를 할 사람도, 예산도 충분치 않은 것이 우리나라의 현실입니다.

사라져가는 우리 바다의 고래들

우리나라는 삼면이 바다로 둘러싸여 있습니다. 그러나 그 바다에 고래가 산다는 사실을 아직 많은 사람이 잘 모릅니다. 우리나라 바다에도 고래들이 살아가고 있습니다. 돌고래 또한 고래류의 하위분류인 수염고래류와 이빨고래류 중 이빨고래에 속합니다. 이 이빨고래들 중에 일반적으로 약 4미터보다 작은 고래류를 돌고래라고 부르지요. 그리고 현재까지 우리나라에서는 약 35종가량의 고래류가 발견되었습니다.

이 가운데 제주의 남방큰돌고래와 함께 우리나라에 남아 있는 가장 유명한 고래는 밍크고래와 상괭이입니다. 그러나 이 두 고래는 혹독한 유명세를 치르고 있습니다. 수염고래에 속하는 밍크고래는 약 8미터까지 자라는 대형 종입니다. 우리나라에서 현재 서식한다고 말할 수 있는 거의 유일한 대형 종 고래지요. 그러나 우리나라에서 밍크고래는 '바다의 로또'라는 말로 더 유명합니다. 우리나라 법에 따르면 포경은 금지되어 있지만, 우연히 그물에 걸렸다 죽은 고래를 발견하면 최초 발견자가 고래

밍크고래

의 사체를 판매할 수 있습니다. 이렇게 다른 어류를 잡기 위해 설치한 그물에 '우연히 걸린' 밍크고래들은 마리당 수천만 원에 달하는 몸값으로 거래되어 울산을 비롯한 전국의 고래고기집에서 팔려 나갑니다. 그리고 언론에서는 '바다의 로또'를 주웠다는 기사를 쏟아냅니다. 우리나라 미디어에서 밍크고래는 그냥 로또이며 비싼 고기일 뿐입니다. 그러나 밍크고래는 해외에서는 인기가 많은 고래 중 하나입니다. 대형 고래 중에서도 상대적으로 재빠른 움직임과 매력적인 소리로 바다에서 만나면 경이로움을 느끼게 하는 동물이기도 하지요. 그러나 우리나라에서 밍크고래는 비싸게 팔 수 있는 상품으로만 보는 사람들이 더 많은가 봅니다. 매년 밍크고래를 불법 사냥해서 판매하는 사람들이 끊이지 않고 적발되고 있습니다.

그리고 상괭이는 우리나라 서해안과 남해안에 주로 서식하는 1.5미터 정도의 작은 고래입니다. 등지느러미가 없는 밋밋한 등과 웃는 듯한 표정이 특징입니다. 전 세계에 중국과 우리나라, 일본에만 서식하는 종이기도 하지요. 그러나 고래연구센터의 조사에 따르면 2005년 3만 6,000마리 정도로 추정되던 우리나라의 상괭이가 2011년에 1만 3,000마리로 줄어들었다고 합니다. 6년 만에 2만 마리의 상괭이가 사라져 버렸지요. 주로 안강망이라고 하는 거대한 그물에 물고기와 함께 쓸려 들어갔다가 그물을 탈출하지 못하고 죽는 것으로 추정됩니

상괭이

다. 이 문제를 해결하기 위해 국가에서 상괭이가 탈출할 수 있도록 그물을 개선하는 방안을 개발하고 있지만, 여전히 1년에 1,000~2,000마리 이상이 그물에 휩쓸려 죽고 있습니다. 이 상태라면 얼마 지나지 않아 우리나라의 상괭이가 남아나지 않을지도 모르겠습니다.

귀신고래

우리나라 바다에서 사라지고 있는 이 두 종의 고래보다 먼저 사라진 고래가 있습니다. 귀신고래입니다. 몸길이가 12미터에 달하는 이 고래는 주로 얕은 바다에서 서식하며 바닥을 긁어 먹이를 먹습니다. 태평양 서쪽에 서식하는 귀신고래 개체군은 여름에는 따뜻한 남쪽 바다에서 새끼를 낳고 겨울이 되면 먹이가 풍부한, 차가운 해류가 있는 북쪽으로 이동합니다. 이 이동 경로의 중간에 우리나라가 포함되며, 특히 울산에서 주로 발견되었다고 합니다. 그런 이유로 1962년 귀신고래가 자주 발견되던 지역을 '울산 귀신고래 회유 해면'이라고 하며, 이곳은 천연기념물 126호로 지정되었습니다. 1912년에 미국인 탐험가인 로이 앤드루스(Roy C. Andrews)는 울산에서 귀신고래를 발견하고 '한국계 귀신고래'라는 이름을 붙이기도 했습니다. 그러나 이후 일제강점기를 거쳐 1960년대 중반까지 이어진 포경으로 인해 그 수가 빠르게 줄어들었고, 1977년을 마지막으로 현재는 우리나라에서 볼 수 없는 고래가 되고 말았습니다.

2008년 국립수산과학원은 우리나라 바다에서 귀신고래를 사진으로 찍으면 500만 원, 그물에 걸리거나 해변으로 밀려온 고래를 신고하면

1,000만 원을 주겠다고 현상금을 걸었으나 아직 현상금을 타간 사람은 없나 봅니다. 여전히 러시아와 남중국해를 이용하는 귀신고래는 발견되고 있지만, 왜 우리나라의 바다를 더 이상 이용하지 않는지는 알 수 없습니다. 왜 이렇게 우리 바다에서 고래가 점점 줄어만 가는 걸까요?

고래의 바다, 그리고 우리의 바다

우리나라 동해는 옛날부터 고래가 많이 살았다고 하여 고래바다라는 뜻의 경해(鯨海)라고도 불렸다고 합니다. 아주 오래전부터 우리 바다에 고래가 살아왔다는 기록은 신석기 시대에 만들어진 것으로 추정되는 울산 반구대 암각화에서도 찾아볼 수 있습니다. 과거 고래를 사냥하던 포경선의 기록에서도 동해안에는 혹등고래, 귀신고래, 긴수염고래, 참고래 등 다양한 종의 고래류가 서식했다는 내용을 찾아볼 수 있습니다. 하지만 1890년대 러시아가, 일제강점기를 지나며 일본이, 독립 이후 1980년대 중반까지 우리나라의 포경선이 우리 바다 전역에서 고래류를 사냥해왔습니다. 1986년, 국제포경위원회(International Whaling Commission, IWC)에서 고래를 보호하기 위해 상업 포경을 전면 금지하기 전까지 포경이 쭉 이어져 온 것입니다. 이제 돌고래류와 밍크고래를 제외하면 우리나라 바다에서 고래를 만나는 것은 어마어마하게 어려운 일이 되어버렸습니다. 그리고 그나마 남은 고래들 또한 인간이 바다를 적극적으로 활용하면서 그 서식지를 잃어가고 있지요. 개발과 오염, 기후변화로 인한 바다 환경의 변화는 고래의 삶을 점점 더 어렵게 만들고 있습니다. 2015년, 과학저널 《사이언스》에 실린 한 논문에서는 인간이 '슈퍼포식자'가 되었다고 했습니다. 기술이 발달하면서 인간이 다른 동물과 달리 약하거나 어린 개체를 잡는 것이 아니라 가장 크고 건강한 개체들을 주로 잡고 있고, 이 비율이 다른 동물들에 비해 매우 높게 나타난다는 것입니다. 심지어 인간은 잡은 동물을 모두 먹는 것도 아니지요. 해양 포식자에 비해 건강한 동물들을 잡는 비율이 14배 이상 높다고 합니다. 이러한 결과 우리는 수많은 동물을 멸종의 위기로 몰아넣고 있습니다. 고래들도 그 피해자 중 하나입니다.

우리 바다에서 고래를 만나보고 싶다는 생각을 해본 적 있나요? 저는 지금도 제주도에서 돌고래를 찾으러 다니다가 언젠가 저 멀리 지나가는 거대한 고래를 만나고 싶다는 꿈을 꿉니다. 그리고 더 다양한 고래가 우리 바다를 자유롭게 이용할 수 있기를 바랍니다. 또한 지금은 인간의 바다인 이곳이 고래와 우리 모두가 함께 살아가는 바다가 되기를 바랍니다. 그리고 그건 아마도 제가 혼자 꿈꾸고 노력한다고 이루어질 일은 아닐 겁니다. 미래의 바다를 관리할 여러분이 같이 관심을 갖고 고래와 바다 환경을 보전해야만 그제야 가능한 일이 될 것입니다.

장수진

이화여자대학교 에코과학부에서 귀뚜라미의 소리 통신 전략으로 석사학위를 받은 이후 2013년 제돌이 방류 프로젝트에 참여하며 이화여자대학교 에코크리에이티브 협동과정에 박사과정으로 입학, 돌고래 연구를 시작했다. 현재는 야생의 제주 남방큰돌고래를 추적하며 이들의 서식지 이용과 사회성, 적응 전략에 대한 연구를 진행 중이다. 진화 과정에서 나타난 다양한 방식의 커뮤니케이션에 관심을 갖고 있으며, 야생에서 생물을 관찰하는 시간이 가장 즐겁다. 2018년 4월, 함께 돌고래를 연구하는 이화여대 및 교토 대학교 대학원생 친구들과 MARC(Marine Animal Research & Conservation, 해양동물생태보전연구소)를 만들어 지속적으로 제주의 돌고래와 해양동물에 대한 연구를 시도 중이다. 돌고래가 있는 바다가 그렇지 않은 바다보다 멋지고 아름답다고 굳게 믿고 있다.

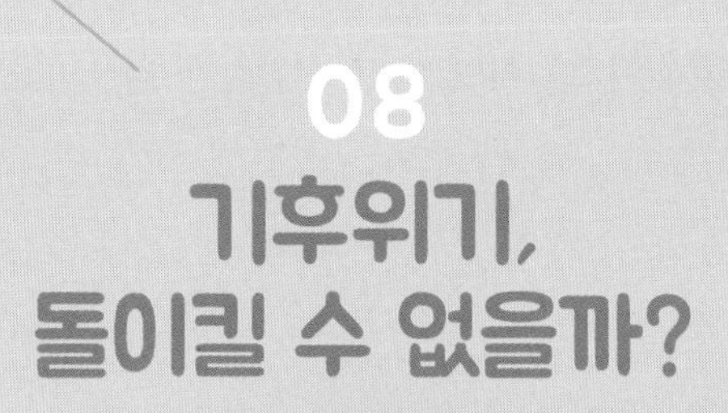

08
기후위기, 돌이킬 수 없을까?

조천호

인류 문명과 자연환경

인류 문명은 자연의 패턴을 인식하는 것으로부터 시작합니다. 초기 인류는 자연의 변동에 따른 채집과 사냥, 그리고 농업에 대한 지식을 다음 세대로 전달합니다. 왜냐하면 우리 선조들은 그들의 아이들이 살아갈 지구환경이 자신들이 살았던 시절과 똑같으리라 믿었기 때문입니다. 또한 지난 수천 년 동안 인류는 지구에 상처를 냈지만, 지구는 그 흔적을 원래대로 되돌려놓을 수 있었습니다. 그러나 오늘날 이런 자연적인 흐름이 끝나가고 있습니다. 현재 인류가 가한 수많은 상처가 지구 곳곳에 남아 있습니다. 우리 주변뿐만이 아니라 깊은 바다의 퇴적물에도 있고, 심지어 저 멀리 인공위성의 궤도에도 인간이 만든 우주 쓰레기들이 날아다닙니다. 이로 인해 인류의 삶은 안정과 연속에서 변화와 혼란으로 점점 바뀌어 가고 있습니다.

인간의 욕망은 무한하고 지구의 자연은 유한합니다. 인류가 지금까지

지구환경의 위기는 인간과 자연 모두의 문제다.

성공적으로 살아왔던 방식대로 계속 자연을 소모한다면 지구환경이 큰 위험에 빠지게 됩니다. 인간의 무한한 욕망 때문에 지구환경뿐만 아니라 현대 사회도 크게 변하고 있습니다. 지구환경의 위기는 과학기술의 문제지만, 그 시작은 사회경제의 발전과 성장에 있습니다. 그래서 지구환경의 위기는 사회경제적인 구조에서 해법을 찾지 않으면 안 됩니다. 사회경제가 변하면서 지구환경도 변했고, 그로 인해 다시 사회경제의 변화가 요구되고 있습니다. 원인이 결과를 낳지만, 결과도 원인을 낳습니다. 그러므로 지구환경의 위기는 사회와 자연이 분리되고 서로 배제한다는 가정을 거부하게 만듭니다. 즉, '양자택일'의 문제가 아니라 '양자 모두'의 문제가 된 것입니다.

'큰 지구의 작은 세계'에서 '작은 지구의 큰 세계'로

지구의 역사를 돌이켜보면 인류 문명은 우연히 좋은 기후 조건을 만난 덕분에 번성할 수 있었습니다. 인류는 빙하기 때 오늘날의 기후보다 더 변덕스럽고 혹독한 기후에 맞서 생활했습니다. 그런 기후에서는 농업을 할 수 없었던 탓에 인류는 사냥꾼이자 채집자로 살 수밖에 없었습니다. 그러다 약 2만 년 전부터 기후가 따뜻해지면서 빙하기가 물러갔고, 1만 2천 년 전부터 현재에 이르는 따뜻한 간빙기인 홀로세에 들어섰습니다.

홀로세(Holocene)는 인류가 자연과 조화를 이룬 '완전한 시대'라는 뜻입니다. 빙하기와 달리 기후가 안정된 덕분에 인류는 계절에 따른 식량 생산 과정을 전망할 수 있었고, 농작물을 심으면서 한곳에 정착하게 되었

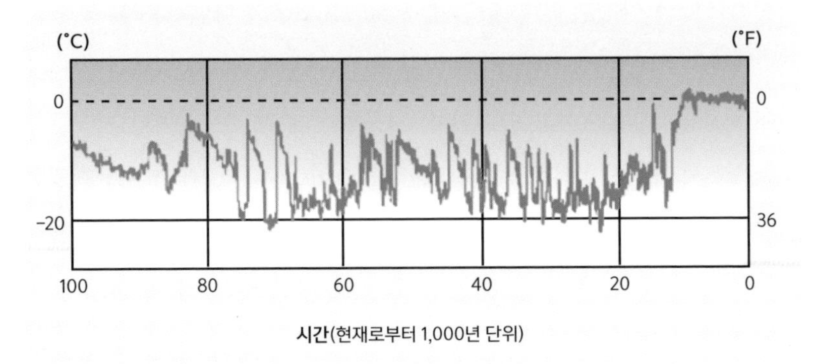

그린란드의 빙하에서 산출한 지난 10만 년 동안의 기온. 산업혁명 이전 상태를 0도로 설정했다. 기온은 10만 년 전부터 1만 2천 년 전까지 크게 요동치다가 그 후 매우 안정되었다.

습니다. 이때 구석기 시대에서 신석기 시대로 전환이 일어났고 이어서 문명이 탄생했습니다. 현재 우리가 누리는 기후와 우리가 의존하는 생태계는 홀로세에서만 가능합니다. 홀로세는 인류를 먹여 살리고 현대 사회를 유지해주는 원동력이라고 할 수 있습니다.

몇 십 년 전까지 지구라는 '큰 행성'에서 인류가 이룬 '작은 세상'은 별 탈 없이 유지될 수 있었습니다. 그런데 인류는 지난 1만 년 동안 500세대에 걸쳐 이루었던 변화를 최근 50년 만에 완전히 바꿔 버립니다. 이 변화는 몇 억 년에 걸쳐 태양 에너지가 축적되어 만들어진 화석연료를 사용하면서 시작됐습니다. 화석연료를 통한 산업화로 인류의 발전을 저해한 수많은 제약을 해결할 수 있었고, 특히 제2차 세계대전 이후 인류가 지구환경에 미치는 영향력이 폭발적으로 커지는, 이른바 '거대한 가속(Great Acceleration)'이 일어납니다.

1700년에 세계의 인구는 대략 5억 명이었습니다. 그 후 200년 동안은 인구가 완만하게 늘어납니다. 그러다 1900년쯤부터 서서히 인구가 증가

하더니, 1950년 이후에는 인구의 증가 속도가 급격하게 빨라집니다. 1950년에 25억 명이던 세계인구가 현재는 76억 명으로 껑충 불어납니다. 인구가 지금처럼 증가할 수 있었던 건 식량 생산량이 획기적으로 늘어났기 때문입니다. 그동안 경작지의 면적은 조금만 늘었는데, 질소 비료 덕분에 단위 면적당 식량 생산량이 엄청나게 증가합니다.

세계 인구 증가는 식량 생산량이 획기적으로 늘어난 덕분이다.

인구의 증가와 맞물려 경제 성장도 1950년 이후부터 가속하기 시작합니다. 1950년에서 2000년 사이 세계 경제는 10배나 성장했습니다. 경제 성장과 함께 에너지와 자원의 소비량도 급격히 증가합니다. 성장은 우리에게 쉬지 않고 생산하고 소비하기를 요구하므로, 우리는 필요 이상으로 사고, 쓰고, 버립니다. 그러나 이로 인해 온실가스와 환경오염, 그리고 쓰레기도 기하급수적으로 증가하고 있습니다.

거기다 물의 순환에도 중요한 변화가 일어납니다. 지구상에 있는 물의 0.1퍼센트에 해당하는 양만이 인간과 관련된 단기적 '물의 순환'에 쓰입니다. 인간은 이처럼 작은 양의 물만 사용해도 충분합니다. 오늘날에는 이용 가능한 담수원의 절반 이상을 인간이 쓰고 있습니다. 지구상의 담수는 수질 오염뿐만 아니라 남용에 의해서도 점점 더 위협받고 있습니다. 인구 증가와 식량 생산, 경제 성장과 삶의 질 개선에 따라 제한된 담수원 사용을 둘러싸고 점점 더 경쟁과 충돌이 많아질 것입니다.

인류가 사용하는 담수원도 환경문제로 위협을 받고 있다.

이렇게 지속해서 성장해야만 하는 상태는 지속해서 팽창하는 풍선과 비슷합니다. 현재 지구는 팽창하는 풍선처럼 터져버릴 위험을 안고 있습니다. 76억 명의 인구가 사용하는 자원과 에너지, 그리고 식량을 위해 필요한 면적은 2018년 기준으로 지구 1.7개가 필요합니다. 우리가 은행가라면 이자로 사는 게 아니라 원금을 까먹으며 사는 것입니다. 이대로 가면 곧 파산입니다. 우리는 '큰 지구의 작은 세계'에서 '작은 지구의 큰 세계'로 들어선 것입니다. 기하급수적으로 늘어난다는 것은 그 크기가 배수로 증가한다는 것을 의미합니다. 예를 들어 하루에 2배씩 증가하는 수련이 연못의 절반을 뒤덮을 때까지는 여러 날이 걸리지만, 절반을 덮고 나면 단 하루 만에 전체 연못을 뒤덮을 수 있습니다. 우리가 미리 준비하지 않으면 마지막 단계에서는 손 쓸 수 있는 시간이 없습니다.

기후변화는 어떻게 일어나고 있는가?

지질 시대라고 지구의 역사를 지질학적 큰 변동이나 특정 생물의 멸종을 기준으로 구분하는 개념이 있습니다. 그런데 새로운 지질 시대는 자연의 힘으로 주도되는 것이 아니라 인간의 힘으로 일어나고 있습니다. 인류(그리스어로 'Anthropos')가 자연을 넘어 자신의 시대(Cene)를 열어젖힌 것을 인류세(Anthropocene)라고 합니다. 인류세라는 개념은 오존층 연구로 노벨 화학상을 받은 파울 크뤼천(Paul J. Crutzen) 교수가 2000년에 처음 제안했습니다.

지질 시대로 과거를 돌아보면 캄브리아기 지층에서 생명의 대폭발, 쥐라기 지층에서 공룡의 화석, 신생대 지층에서 빙하의 움직임을 발견할 수 있습니다. 이처럼 지금으로부터 수백만 년 뒤 켜켜이 쌓인 지층 가운데 한 층에 오늘날 인간의 흔적이 남아 있을 것입니다. 그 층에는 생물의 다양성 감소, 바다의 산성화와 파괴된 숲, 빙하의 감소와 가라앉은 섬의 흔적이 담겨 있을 것이고, 플라스틱과 알루미늄 캔이 박혀 있을 것입니다. 이러한 지질학적 증표들이 미래에 인류세가 어떤 시대였는지 증언할 것입니다.

지금 인류세의 대표적인 위기가 바로 지구 온난화로 인한 기후변화입니다. 지구는 인간이 급격하게 증가시키고 있는 온실가스에 영향을 받고 있습니다. 현재 기후변화로 인한 자연재해 뉴스가 해마다 나옵니다. 기록이 한 번 깨지면 우연이라고 할 수 있습니다. 다시 깨지면 우연의 반복입니다. 세 번째로 깨지면 추세가 됩니다. 그리고 매번 깨지면 변화가 됩니다. 마찬가지로 지구 온난화로 인한 기후변화는 명백해졌습니다. 비정상이라고 간주했던 기후변화는 이제 우연이 아니라 정상이 되었습니다.

마지막 빙하기에서 간빙기로 넘어가고 약 1만 년이 지났습니다. 그동안 지구의 평균 기온은 약 4~5도 상승했습니다. 산업혁명 이후 온실가스

기후변화로 인한 자연재해가 계속 늘어나고 있다.

농도가 해마다 높아졌고, 지난 100년 동안 지구의 평균 기온이 약 1도 상승했습니다. 인간 활동에 의한 지구 온난화 속도는 빙하기와 간빙기 간의 변화 속도보다 약 20~25배나 빠릅니다. 이것은 마치 우리가 시속 100킬로미터로 고속도로를 달리는데, 갑자기 차가 이상해져 시속 2,000킬로미터 이상으로 질주하게 되는 것과 비슷한 상황입니다. 현재 온실가스 증가를 막기 위해 국제적으로 노력하는 중입니다. 2015년, 파리 기후 협정으로 지구의 평균 온도 상승을 2도 이내로 제한하기로 약속했습니다. 2도라고 하면 굉장히 미미해 보이지만, 빙하기와 간빙기 간의 기온차와 비교하면 결코 작은 변화가 아닙니다.

지금 발생하고 있는 폭염, 가뭄, 산불, 홍수, 폭풍 등이 지구 온난화 때문이라고 콕 집어서 말할 수는 없습니다. 이것은 자연의 변동으로도 발생하는 현상이기 때문입니다. 그러나 흡연자의 폐암 발병률이 일반인보다 높고, 스테로이드를 복용한 야구선수가 복용하지 않은 야구선수보다 홈런을 더 많이 칩니다. 마찬가지로 지구 온난화로 인한 기후변화는 자연재해의 발생 빈도를 증가시킵니다. 기온 상승이 지구에 미치는 영향은 당뇨병이 우리 몸에 미치는 영향과 비슷합니다. 당뇨병으로 혈당을 조절할 수 없게 되면 심장질환과 뇌졸중, 신부전이나 실명과 같은 수많은 합병증이 발생하게 됩니다. 지구 온난화로 환경이 불안정해지면 기후변화뿐만 아니라 해수면의 상승과 해양 산성화, 물 부족과 식량 생산 감소, 생물의 다양성 파괴 등이 급격하게 일어납니다.

지구 온난화가 커질수록 되먹임(결과가 원인이 되어 더 큰 결과를 낳는 순환)이 증폭되어 티핑포인트(Tipping Point)가 연쇄적으로 일어나 복합적이고 극단적인 기후변화의 위험이 가속화됩니다. 티핑포인트란 돌이킬 수 없는 순간을 의미합니다. 잘못하면 인간이 통제할 수 없는 최악의 상황과 마주할 수도 있습니다. 지구환경에는 티핑포인트가 하나가 아니라 여럿입니다. 수많은 티핑포인트가 지뢰처럼 여기저기에 숨어 있지만, 우리는 정확한 지점이 어디며 기온이 얼마나 더 상승해야 폭발하는지 알지 못합니다.

지구 온난화는 기후변화뿐만 아니라 다양한 환경 문제를 발생시킨다.

지구환경은 되먹임으로 복잡하고 때로는 직관적이지 않은 방식으로 작동합니다. 그러나 그 기본 원리는 간단합니다. 태양 에너지가 위도에 따라 다르게 도달하는데 이 차이를 없애기 위해 지구환경을 구성하는 요소끼리 상호작용이 일어납니다. 이 과정을 통해서 지구에 도달한 태양 에너지만큼 지구로부터 에너지가 우주로 방출됩니다. 그러나 인간이 배출하는 온실가스로 인해 지구환경의 균형이 흔들리고 있습니다. 지구환경은 새로운 균형에 도달하려고 대기, 바다, 빙하, 육지 간의 상호작용이 매우 민감하게 일어납니다. 구성 요소 하나의 작은 변화만으로도 다른 구성 요소에서 연쇄적으로 변화를 일으킬 수 있고, 되먹임으로 증폭될 수 있습니다.

지구환경을 붕괴시키는 요소 가운데 45퍼센트가 서로 연관되어 있어 도미노 효과를 일으키거나 되먹임을 증폭할 수 있는 잠재력을 가지고 있습니다. 예를 들어 햇빛을 반사하는 북극의 빙산이 녹게 되면, 그 아래 어두운 바다가 드러나 햇빛을 흡수하여 지구 온난화가 증폭됩니다. 이것은 온실가스 농도와는 상관없이 되먹임으로 고위도 지방의 기온을 상승하게 만듭니다. 이로 인해 아한대 숲에서 산불이 더 발생하고 탄소를 대기 중으로 더 배출하게 됩니다. 결과적으로 더 많은 빙하를 녹이게 됩니다. 지리적으로 떨어져 있지만, 지구 온난화를 서로 증폭시키는 것입니다.

도미노 효과를 일으키는 예로는 산호초와 맹그로브 숲이 있습니다. 기온이 상승해 산호초가 사라지면 해안이 그대로 폭풍과 해일에 노출되어 맹그로브 숲은 파괴됩니다. 그리고 아마존의 열대우림은 축축한 생태계를 만들어 유지하므로 스스로 가뭄에 대처할 수 있습니다. 하지만 벌채와 화재로 숲이 축소되면, 숲에서 배출하는 수증기가 줄어들어 비가

산호초는 해양 생태계뿐만 아니라 해일로부터 연안을 보호한다.

적게 내리게 됩니다. 강수량이 줄어들면 숲은 점점 건조한 사바나 지역으로 변하고 다시는 열대우림으로 회복할 수 없습니다. 거기다 북극권의 기온이 상승할 경우 북반구에 있는 영구 동토층이 불안정해집니다. 영구 동토층에는 엄청난 양의 메탄을 함유하고 있는데, 메탄은 이산화탄소보다 23배 더 강력한 지구 온난화 효과가 있습니다. 영구 동토층이 가지고 있는 탄소량은 대기가 가지고 있는 탄소량보다 더욱더 많습니다. 영구 동토층에서 메탄이 본격적으로 배출되면 인간 활동에 의한 온실가스 배출과 상관없이도 지구 온난화가 증폭될 수 있습니다. 그리고 그린란드와 남극 대륙의 빙상에서도 되먹임이 일어납니다. 기온 상승으로 녹은 물은 빙상이 깨진 틈을 따라 더 낮은 곳으로 떨어져 빙상의 밑바닥에서 퍼져나갑니다. 이것이 암석 위의 빙상을 바다로 미끄러지게 하는 윤활유 역할을 하여 빙상의 붕괴를 빠르게 합니다. 또한 빙하가 녹은 곳에서는 토양이 노출되고 햇빛을 흡수해서 지구 온난화가 더욱 커집니다.

기후변화는 우리에게 어떤 영향을 미치는가?

기후변화로 인한 해수면의 상승은 앞으로 늘어나는 인구가 줄어든 땅에서 살아야 한다는 것을 의미합니다. 최근 연구에서는 기후변화에 전혀 대응하지 않을 경우, 2100년까지 해수면이 2미터까지 높아질 수도 있다고 합니다. 해수면이 높아질수록 저지대에 있는 섬과 해안 지역에서 문제가 일어납니다. 예를 들어 사람이 살고 곡식을 재배하는 지역에 바닷물이 침투해 더는 적합하지 않게 되는 것입니다. 이 경우 약 2억 명의 난민이 발생할 것으로 전망합니다. 만약 그린란드와 남극 서쪽의 빙상이 녹아버리면, 10미터 이상의 해수면 상승도 일어날 수 있습니다. 이렇게 되면 모든 해안 도시는 붕괴합니다. 거기다 2100년까지 티베트고원과 히말라야산맥의 빙하가 3분의 2는 사라질 것으로 전망합니다.

티베트고원과 히말라야산맥의 빙하는 아시아에 흐르는 주요 강의 발원지다.

이 빙하는 아시아에 흐르는 주요 강의 발원지로 잘못되면 아시아의 식량 생산에 문제가 발생할 수도 있습니다.

지구의 3분의 1을 차지하는 열대 지방은 이미 기후변화로 어려움을 겪고 있습니다. 기온 상승뿐만 아니라 높은 습도로 견딜 수 없는 열 스트레스가 발생합니다. 기온이 35도를 넘고 습도가 90퍼센트 이상이면, 바람이 잘 통하는 조건에서도 땀이 나오지 않아 사람은 몇 시간 동안만 생존할 수 있습니다. 이런 곳에서는 사람이 살 수 없습니다. 강수량이 많아짐에도 불구하고 뜨거워진 토양은 더 빨리 증발을 일으키므로 물 공급이 어려워질 수 있습니다. 이 습한 열대 지역의 남쪽과 북쪽 경계 너머에서 광대한 사막의 띠가 확대될 것으로 전망합니다. 최근 들어 자주 발생하는 남부 유럽의 폭염이 이와 관련되어 있습니다. 이곳에서도 농업과 거주가 어려워지고 있습니다.

기후변화로 인한 식량 문제도 빼놓을 수 없습니다. 이미 76억 명의 인구가 식량을 생산하고 거주하기 위해 빙하 지역을 제외한 지표면의 거의 절반을 사용합니다. 하지만 기후변화에 적응하지 못하여 생물은 다양성을 잃어버리고, 산불부터 가뭄에 이르기까지 자연재해에 항상 직면하게 되어 식량 생산이 줄어들 것입니다. 그렇게 되면 앞으로 도달할 약 100억 명의 인구에 필요한 식량 생산을 충족시킬 수 없습니다. 그리고 농작물이 흡수하고 땅에 남은 질소 비료가 빗물에 녹아 강과 연안으로 흘러들어 과잉 상태에 있으므로, 기후 조건만 맞으면 녹조와 적조가 폭발적으로 증가할 수 있습니다. 그렇게 되면 물속에 녹아 있는 산소가 부족해져서 수중 생태계가 파괴됩니다. 그리고 해양의 산성화도 상황을 더욱 악화시킬 것입니다. 특히 이번 세기 안에 모든 산호를 잃을 것으로 전망합니다. 해양이 오염되고 산호를 잃는다는 것은 바다에서 얻는 식량을 잃는다는 것을 의미합니다.

또한 기후변화는 국가 안보에도 영향을 미칠 수 있습니다. 오늘날 시리아 난민 문제는 2010년 여름 러시아를 강타했던 가뭄에서 시작됐습니다. 당시 러시아의 밀 생산량이 줄어들어 세계적으로 식품 가격이 폭등하게 됩니다. 가난한 사람들은 식품 가격이 조금만 올라도 생존에 위협을 받게 됩니다. 민주적 체계가 불안정한 시리아에서 정부에 대한 불만이 쌓여 폭동이 일어났고, 이어 내전으로 치달았습니다. 결국 그곳에서 살 수 없게 된 사람들이 난민이 되어 유럽으로 향하게 됩니다. 유럽 국가들은 피부색도, 언어도, 종교도 다른 이 난민을 국가 안보의 문제로 다룹니다. 러시아 가뭄은 공간적으로 멀리 떨어진 시리아에서 내전의 원인이 되었고, 시간상으로 멀리 떨어진 오늘날까지도 수십만 명의 난민 문제를 지속시키고 있습니다.

이처럼 화석연료에서 배출된 온실가스는 문명을 지탱해왔던 안정된 기후를 붕괴시킬 정도로 위협이 됩니다. 결국 우리가 자연을 지배하려는

요르단에 있는 시리아 난민 캠프

과정에서 오히려 자연이 기후변화를 통해 우리에게 영향을 미치는 세상이 되었습니다.

기후변화에 어떻게 대응해야 하는가?

기후변화 대응은 '적응'과 '저감'을 통해 수행됩니다. '적응'은 이미 배출한 온실가스로 인해 피할 수 없는 기후변화의 부정적인 영향을 줄이는 것입니다. '저감'은 기후변화의 원인인 온실가스 배출량을 줄이는 것입니다.

기후변화 적응은 같은 시대에 사는 사람 간의 정의를 구현하기 위한 정책입니다. 부유한 나라와 부유한 사람은 잘살기 위해 온실가스를 많이 배출해왔습니다. 반면 가난한 나라와 가난한 사람은 배출 책임과 무관하지만, 기후변화로 인한 자연재해에 쉽게 노출되어 피해를 받을 가능성이 더 큽니다. 이처럼 정의롭지 못한 현실을 해결한다는 관점에서 기후변화에 적응해야 합니다. 빈곤 국가와 취약 계층에 대한 지원 및 사회 기반시설 구축과 예방적 조치 등이 수행되어야 합니다.

기후변화 저감은 세대 간 정의를 구현하기 위한 정책입니다. 우리 세대가 잘살기 위해 배출한 온실가스는 공기 중에 누적되고 있어서 다음 세대에도 기후변화를 더욱더 크게 일으킵니다. 다음 세대는 우리 세대가 배출한 온실가스로 인한 이익은 없고 피해만을 감당해야 합니다. 다시 말해서 위험을 일으킨 원인 유발자와 그 위험을 극복해야만 하는 처리자가 동시대인이 아니라는 점이 문제입니다. 근본적으로 화석연료의 사용을 줄이면서 신재생 에너지로 전환하거나, 에너지 효율을 높여야 합니다.

이를 실현하려면 적절한 에너지 정책을 펴야 하고 시민의식도 깨어 있어야 합니다.

과거의 위험은 홍수나 가뭄, 지진과 화산 폭발, 그리고 전염병처럼 자연에서 발생하는 외부적인 요인이었습니다. 이는 방제 기술이나 보건 위생 등의 결핍 때문에 생겼습니다. 선진사회에선 그러한 결핍을 채움으로써 위험에 대응해왔습니다. 반면에 기후변화와 환경오염, 오존층 파괴와 생태계 파괴, 미세먼지와 같은 현대의 위험은 과거의 결핍을 메웠던 산업기술의 진보가 가져온 위험입니다. 이는 주로 결핍이 아닌, 더 잘살고자 하는 과잉 욕구 때문에 일어납니다. 결국 위험은 우리가 어떻게 살아가야 하는지를 '성찰'하게 만듭니다.

기후변화 대응은 왜 이렇게 더딘가?

우리나라에서 미세먼지는 중요한 정치 의제가 되었지만, 기후변화는 별로 신경 쓰지 않습니다. 대부분 미세먼지는 배출된 후 일주일 이내에 모두 사라집니다. 그러므로 미세먼지는 시공간적으로 그 영향력이 제한되며 주로 건강에만 문제를 일으킵니다. 런던 스모그나 로스앤젤레스 스모그 사례처럼 강력한 오염 규제법을 만들어 집행하면 해결할 수 있는 위험입니다.

반면, 공기 중에 배출된 온실가스는 수십 년에서 수천 년에 이르기까지 지속시간이 깁니다. 온실가스는 계속 누적되고 그 영향이 지구 전체로 퍼집니다. 임계 수준을 넘어가면 인류가 더 온실가스를 배출하지 않는다고 해도 지구 스스로 파국을 향해갑니다. 이렇게 되면 기후변화는

공기 중에 배출된 온실가스는 사라지지 않고 계속 누적되고 있다.

되돌릴 수 없고, 그 끝에는 인류가 통제할 수 없는 위험이 기다리고 있을 것입니다. 그런데도 우리의 대응은 위험 규모에 비례하지 않습니다.

우리는 미세먼지처럼 구체적인 위험은 잘 알아차리고 즉각 대응하려 합니다. 그러나 지금 당장 일어나지 않는 기후변화에 대처하려면 불확실한 손실을 줄이기 위해 확실한 단기 비용을 감수해야 합니다. 그러기에 당장 눈앞의 불편은 피하려 하고 장기적으로 더 큰 손실을 초래할 가능성은 운에 맡기려 합니다. '지금 여기에서' 영향을 미치는 위험은 먼저 처리하고, '나중에 거기에서' 영향을 미치는 위험은 무시합니다.

또한 기후변화 위험은 불확실성 때문에 여러 의미로 해석될 여지가 많습니다. 따라서 기후변화는 기존 관점을 확증해주는 정보를 선택하고, 그에 반하는 정보는 무시하려는 경향인 '확증 편향(Confirmation Bias)'에 휘둘리기 쉽습니다. 우리가 믿고 싶은 대로 믿게 되는 것입니다. 이 확증 편향이 기후변화에도 화석연료 사용을 줄이지 않는 이기적 행동에 빠져 있는 오늘날 국제사회의 퇴행적 상태를 설명합니다.

불확실성은 기후변화에 대응하고자 하는 의지에도 영향을 미칠 수 있습니다. 그러나 행동 근거에서 확실성이나 불확실성은 사실 거의 무의미합니다. 만약 경제성장률이 하락하면 정부는 최선을 다해 대응할 것입니다. 하지만 거의 모든 기후과학자가 95퍼센트 이상의 확률로 기후위기를 전망해도 그 대응은 미적지근합니다. 불확실성은 우리 사회의 확증편향에 따라 이루어지는 결정을 뒷받침하기 위해 동원되는 확률에 불과합니다.

기후변화는 불확실한 면이 있지만 불확실하다는 것과 확신이 없다는 것은 다른 문제입니다. 과학에는 밝혀진 부분과 불확실한 부분이 늘 공존합니다. 과학 언어에서는 그것을 조건과 한계라는 형식으로 뚜렷하게 밝힙니다. 즉, 과학은 아는 것과 아직 모르는 것을 명시하여 오히려 불확실성을 포용합니다. 인류가 일으키는 기후변화는 거의 확실합니다. 불확실성이 있어 가능성이 희박한 게 아닙니다. 고려해야 할 불확실성은 그 위험의 정확한 발생 시점과 자세한 지리적 분포에 한정될 뿐입니다.

우리는 내일을 걱정하면서도, 무엇보다도 오늘을 살아가기에 바쁩니다. 기후변화로 인한 위험의 실체가 지금 당장 우리 눈앞에 보이진 않습니다. 이 때문에 설령 그 위험이 아무리 크다고 해도 굳이 비용과 불편을 감수하면서까지 그 대응책을 준비하기가 쉽지 않습니다. 영국의 정치가이자 사회학자인 앤서니 기든스(Anthony Giddens)는 위험을 인식한다 해도 실천이 따라가지 못하는 현상을 '기든스 역설'이라고 명명했습니다. 기후변화라는 재앙이 목전에 닥쳤지만, 우리는 실생활에서 잘 느끼지 못하기 때문에 미래의 큰 위험보다는 당장의 작은 이익에 매몰되어 버린다는 것입니다.

최악의 상황에서 최선의 길을 찾으려면

물질적 풍요를 포기하기에는 기후변화로 인한 위험이 아직도 멀기만 한가 봅니다. 물론 언젠가 변화할 것입니다. 기후변화가 위험수위를 넘을 테니까 말입니다. 이런 최악의 상황에서는 강제로 변화할 수밖에 없게 됩니다. 성장이 빠를수록 한계에 부딪히는 시간도 그만큼 빠르고, 그에 따른 부작용도 그만큼 크고 위험할 것입니다. 이처럼 성장 그 자체가 성장을 종식하게 됩니다. 독일 사회학자 울리히 벡이 『위험 사회』에서 언급한, 심각한 재난과 같은 파국 상황에서 도리어 길을 찾는다는 뜻의 '해방적 파국'이 일어날 여건이 마련됩니다. 결국 최악의 상황에 가서야 최선의 길을 찾게 됩니다.

우리는 어려서는 높은 성적을 얻기 위해 노력했고, 나이가 들어서는 부와 권력을 얻기 위해 경쟁에서 이겨야 한다는 강박 속에서 살고 있습니다. 이웃을 이기지 못하면 불행해진다는 불안이 우리 삶을 누르고 있습니다. 우리 삶의 원동력은 행복이 아니라 불행입니다. 이 상황에서 우리 삶과 공동체는 피폐해지며 자연을 돌아볼 여력이 없습니다. 자원을 착취하고 기후변화를 일으키고 생물을 멸종시키면서도 현실적으로 중단할 수도 없기에 곤혹스럽고 혼란스럽기조차 합니다.

유발 하라리는 『사피엔스』에서 인간이 '허구'를 발명했기 때문에 위대해졌다고 했습니다. 허구를 믿지 않았다면 국가도, 문명도, 화폐도, 법도 없을 것이라 했습니다. 화폐는 종이고 법은 글자에 불과합니다. 그러나 우리가 모두 그 허구에 가치가 있다고 믿는 순간 엄청난 힘으로 작용합니다. 허구의 힘은 믿음을 만들어 내는 능력, 다시 말해 사람들이 합의하고 협조하게 만드는 능력을 뜻합니다. 원자폭탄을 제조하는 것은 물리 지식만으로는 되지 않고, 수만 명의 조직화된 노동이 필요합니다. 대규모 협업은 공동의 허구를 만들어 낼 수 있는 집단에서만 가능합니다.

아는 게 힘이라고 합니다. 하지만 기후변화를 안다고 바로 세상을 바꾸는 힘이 되지 않습니다. 하나의 힘이 아니라 모두의 힘이 필요합니다. 함께 좋은 세상을 만들자고 의기투합해야 기후위기에서 벗어날 수 있기 때문입니다. 이는 현실적으로 불가능한 상황이기에 허구적으로 가능한 이야기를 만들어내야 합니다. 지금 모두가 그저 불행하지 않기 위해 꽉 쥐고 있는 삶을 놓아버리고, 행복을 향한 새로운 삶으로 갈아탈 수 있는 다른 허구가 있어야 합니다. 우리가 모두 새로운 허구를 믿는 순간 그 허구보다 더욱더 멋진 진짜 세상을 실현할 수 있습니다.

어떤 미래를 만들고 싶은가?

우리는 지구가 인간에게 한량없이 베풀어주는 역량을 지녔다고 여겨왔습니다. 지구는 잘 살겠다는 욕망을 실현해주기 위한 착취의 대상일 뿐이었습니다. 이런 상태로는 지구환경을 더는 안정적으로 유지할 수 없습니다. 이제 경제 성장이 우리 행복을 보장한다는 우상을 부숴버려야 합니다. 우리 행복을 소유물에 묶는 것이 우리 생존을 해치고 있다는 것을 인식해야 합니다. 소비와 물질에 대한 갈망을 줄이고 공감과 공유, 연대와 함께 하는 행복과 같은 가치를 키워야 합니다. 이렇게 해야 자연과의 관계를 조화롭게 할 수 있습니다.

이제 지구환경은 경제 성장을 위하여 자원과 에너지를 공급해주는 '부차적인' 위치가 아니라 '최우선적인' 위치에 놓여야 합니다. 지구가 위험에 빠지지 않도록 회복력을 가지고 있어야 합니다. 이 상태에만 경제도 사회도 지속할 수 있기 때문입니다. 경제는 우리 각자의 욕망을 충족시키는 것이 아니라 우리가 모두 함께 살아갈 수 있도록 사회기반을 지원해야 합니다. 사회기반은 안정적인 생태계와 기후에서 살 수 있는 인류 보편의 권리, 그리고 좋은 삶을 보장해주는 공평성과 가치, 복원력과 교육 등의 수준으로 구성됩니다. 위험을 넘지 않는 지구환경과 부족함이 없는 사회기반 위에서만 인류는 지속할 수 있습니다.

현재 세계는 과거부터 인류가 선택한 것들이 축적되어 만들어졌습니다. 마찬가지로 미래 세계 역시 이 순간부터 우리가 선택하는 것들이 축적되어 이루어질 것입니다. 그렇다면 "미래는 어떻게 될까?"라고 질문할 것이 아니라 "미래를 어떻게 만들고 싶은가?"라고 자문해야 합니다.

조천호

경희사이버대학교 기후변화 특임교수. 전 국립기상과학원장. 서귀포에서 자전거 타고 대기를 느끼는 것과, 패들보드 타고 바닷속 다양한 색깔과 형태를 보는 것을 좋아한다. 대기와 바다가 이 세상의 삶과 어떻게 연결되는지 고민하고 있다. 국립기상과학원에서 30년 동안 일했으며, 세계 날씨를 예측하는 수치모형과 지구 탄소를 추적하는 시스템을 우리나라에 처음 구축했다. 기후변화와 지구환경에 대한 과학적 탐구가 우리가 살고 싶은 세상으로 이끌 것이라고 생각하며, 현재 '변화를 꿈꾸는 과학기술인 네트워크(ESC)'에서 활동하고 있다. 2017년 《중앙선데이》에 "조천호의 기후변화 리포트"를 연재했고, 2018년 이후 《한겨레》 인터넷판에 "조천호의 파란하늘", 《경향신문》에 "조천호의 빨간지구"를 연재하고 있으며, 지은 책으로 『파란하늘, 빨간지구』가 있다.

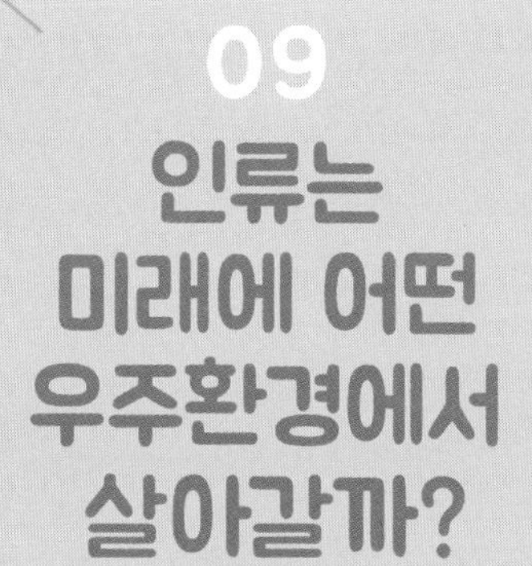

09
인류는 미래에 어떤 우주환경에서 살아갈까?

황정아

우주에도 지구처럼 계절이 있을까?

여러분은 양력 3월 21일(윤년: 3월 20일)이 절기상 춘분(春分)에 해당한다는 사실을 알고 있나요? '절기'라는 개념이 쓰이게 된 이유는 음력의 날짜가 계절의 변화에는 잘 맞지 않기 때문에 정확한 계절의 변화를 알기 위해서 태양을 기준으로 하는 양력을 사용하게 된 것이랍니다. 24절기는 황도(하늘에서 해가 한 해 동안 지나는 길)를 15도 간격으로 나누어 태양이 각 지점을 지나는 시기에 명칭을 붙인 것이에요. 춘분은 태양이 천구의 적도를 남쪽에서 북쪽으로 지나는 지점이며, 태양의 황경(황도 좌표계의 경도)이 0도가 되는 때를 말합니다. 낮과 밤의 길이가 같은 날로, 이 날부터 하루 중 낮의 길이가 밤의 길이보다 길어지기 시작하는 것이죠. 서양에서는 대체로 춘분부터 봄으로 보며, 기독교에서는 부활절 계산의

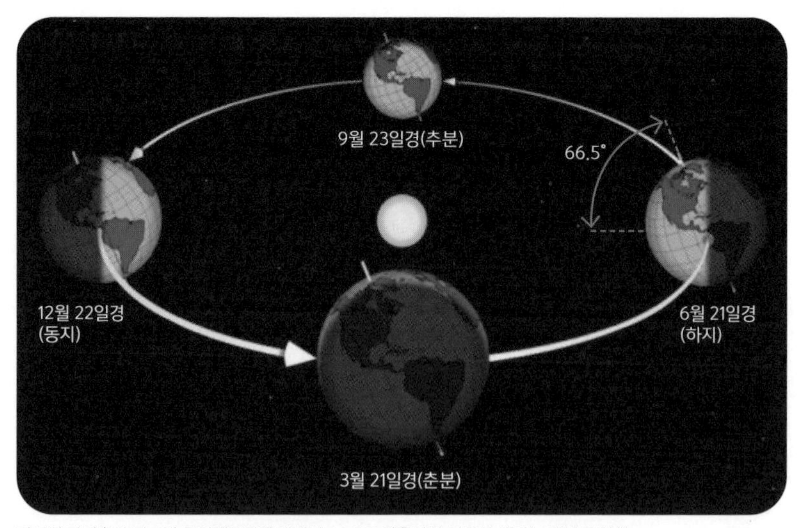

지구의 자전축이 지구의 공전궤도면에 대해서 66.5도 기울어져 있어서 생기는 계절의 변화

기준점이 되는 역법상 매우 중요한 날이기도 해요. 일본에서는 24절기 중 춘분과 추분을 공휴일로 지정하고 있을 정도로 중요한 날로 취급하고 있기도 하답니다.

우리나라에도 3, 4월이면 미세먼지에도 불구하고 봄꽃들도 하나둘 개화 시기를 맞이하지요. 그중에서도 봄의 시작을 가장 먼저 알리는 꽃은 매화랍니다. 보통 2~3월에 꽃이 피는데, 올해는 광양에서 매화 축제가 3월 8일부터 17일까지 열렸다고 해요. 매화는 장미과인데 잎보다 꽃이 먼저 피어나서 다른 나무들보다 꽃이 일찍 핀다고 합니다. 그래서 봄꽃 개화 시기를 알아보면 항상 매화가 제일 먼저 피는 것을 알 수 있어요. 매화는 피어나는 시기에 따라서도 이름이 다른데, 일찍 피는 건 조매, 추운 날에 피면 동매, 눈 속에서 피어나면 설중매라고 한답니다. 그다음으로 피는 봄꽃은 바로 산수유 꽃. 구례 산수유 꽃축제가 3월 16일부터 24일까지 열리고, 빨간 산수유 열매는 차나 술로 마시기도 하는데 봄에는 이렇게 노란 꽃을 보러 많은 사람이 여행을 떠나기도 한답니다. 그다음은 봄꽃의 대명사라고 할 수 있는 개나리. 이즈음에 진달래도 함께 피기 시작하죠. 보통 4월에 진달래, 5월에 철쭉 보러 전국 각지의 산들은 등산객으로 넘쳐납니다. 여수 영취산 진달래 축제가 3월 29일부터 31일까지 열린다고 합니다. 그리고 뭐니 뭐니 해도 봄꽃의 대표는 벚꽃이잖아요? 봄의 절정은 버스커 버스커의 〈벚꽃 엔딩〉이 라디오에서 흘러나오기 시작하고, 가수 장범준의 저작권료 수입이 궁금하다는 말들이 들려오기 시작하는 때랍니다! 또한 만개했을 때는 고귀함 그 자체인데, 꽃이 너무 빨리 져서 아쉬운 목련도 빼놓을 수 없는 봄꽃이겠죠.

지구에서는 이렇게 많은 봄꽃이 각자의 아름다운 자태를 뽐내며 아름

태양 표면에서 방출되는 플라즈마 덩어리인 태양풍이 지구를 향하는 모습

답게 피어나고 있을 때, 우주의 날씨는 어떨까요? 놀랍게도, 우주의 날씨도 지구의 날씨처럼 봄에는 출렁출렁 요동치고 뭔가 요상한 일이 자꾸만 벌어지고 있어요. 태양에서 지구로 항상 뿜어져 나오고 있는 거대한 플라즈마 덩어리인 '태양풍'은 태양과 지구 사이의 공간을 가득 채우고 있습니다. 또한 태양풍과 함께 태양 표면의 자기력선도 함께 태양과 지구 사이의 행성 간 공간으로 끌려 나옵니다.

태양도 태양계의 다른 행성들처럼 스스로 자전합니다. 태양 자체의 자전 때문에 태양풍과 행성 간 공간을 채우고 있는 자기장의 자기력선은, 마치 발레리나의 스커트처럼 펄럭이는 입체적인 3차원 층을 만들어 냅니다. 이러한 층 때문에 지구에 도달하는 태양의 자기력선이 태양을 향하는 방향과 멀어지는 방향의 두 개의 방향성(polarity)이 생기게 되는 것이죠. 이때 두 개의 반대 방향의 자기장 극성이 만나는 곳에서 전류가 흐르게 되고, 이 전류를 태양권 전류편(Heliospheric Current Sheet, HCS)이라고 합니다. 태양권 전류편과 지구의 자기권이 만나는 곳에서 자기력선의 재결합 현상이 발생합니다. 바로 이 자기력선의 재결합이 일어나는 지점에서 오로라를 발생시키는 입자들이 지구 쪽으로 많이 들어오게 됩니다.

태양에서 뿜어져 나오는 자기력선이 태양 자체의 자전 때문에 발레리나의 스커트 모양으로 휘어져 나가는 모양을 나타낸다.

1년 중 봄과 가을, 즉 춘분과 추분 지점에서는 이렇게 태양풍 입자들이 지구의 대기권으로 침투해 들어오는 현상이 더욱 빈번하게 발생합니다. 이에 따라서 지구의 자기장의 교란을 의미하는 지자기 폭풍 현상도 봄에 더 심해지고, 지자기 폭풍과 동시에 발생하는 오로라의 발생 빈도도 높아지는 것입니다. 따라서 인공위성에서 관측한 지구 자기장의 배경 값도 봄에는 기본적으로 조용할 때부터 훨씬 음(-)의 상태로 낮아져 있는 것을 알 수 있어요. 음(-)의 값이 커질수록 지자기 폭풍이나 지자기 부폭풍과 같은 우주 이벤트가 발생할 확률이 높아지는 것이죠. 봄바람이 불면 총각, 처녀들의 마음만 싱숭생숭해지는 게 아닌가 봐요. 봄이 시작되면, 우주를 연구하는 우주과학자의 마음도 언제 무슨 이벤트가 터질까 두근두근 설레기 시작합니다. 봄바람은 지구뿐 아니라 우주까지도 싱숭생숭하게 만드는 게 틀림없나 봅니다!

천문우주 관측기술의 발달이 가져온 선물 - 블랙홀 실사 이미지

2019년 4월 10일 밤 10시, 전 세계의 지구인 10만여 명이 모두 각자의 화면으로 하나의 동영상을 숨죽여 보고 있었습니다. 이미 일주일 전부터 최초 공개를 사전에 예고하고 있던 블랙홀 사진의 방출을 누구보다 먼저 실시간으로 확인하기 위해서였죠. 공개된 블랙홀 영상은 전 세계 사람들에게 엄청난 감동을 선사했습니다. 한 세기 이상 이론상으로만 존재하던 블랙홀의 실제 관측이라는 과학사적으로 기념할 만한 연구성과는 과학적으로뿐만 아니라, 사회적으로도 큰 의의를 지니고 있었기 때문이죠. 이번 블랙홀 실사 이미지 관측의 역사적인 의미를 크게 두 가지 정도로 설명할 수 있을 것 같습니다.

첫째, 이번 블랙홀 관측은 과학적으로 근래 보기 드물게 전 세계가 다 함께 열광한 축제와 같은 발견이었습니다. 21세기의 빅사이언스의 대부분 분야가 그러하듯이, 이제는 과학적으로 큰 성과를 얻기 위해서는 '경쟁이 아닌 협력'이 반드시 필요하다는 점을 재확인시켜 주었죠. 한국천문연구원 등 전 세계 연구기관 20여 곳의 과학자 215명이 참여한 사건지평선망원경(Event Horizon Telescope, EHT)이 바로 이러한 협력의 대표적인 결과물이랍니다. EHT에 참여한 과학자들은 전 세계의 협력에 기반한 8개의 전파망원경을 연결해서 거대한 질량을 갖고 있는 블랙홀 관측에 성공했습니다. EHT는 전 세계에 설치되어 있는 전파망원경의 자료를 연결해서 지구 크기의 가상 망원경을 만들자는 국제협력 프로젝트의 이름이지 실제 망원경의 이름은 아니랍니다. 이번에 발표된 영상은 처녀자리 은하단의 중앙에 위치한 거대은하 M87(Messier87)의 중심부에 있는 블랙홀을 보여주었습니다. 이 블랙홀은 지구로부터 5천 500만 광년 떨어져 있으며 무게는 태양 질량의 65억 배에 달해요. 알려져 있다시피, 블랙홀은 빛조차 탈출할 수 없는 강한 중력을 가지고 있으며 사건지평선 바깥을 지나가는 빛도 휘어지게 만들어요. 사건지평선(event horizon)이란 일반 상대성이론에서, 그 내부에서 일어난 사건이 그 외부에 영향을 줄 수 없는 경계면을 말합니다. 사건지평선의 가장 흔한 예는 블랙홀 주위의 사건지평선을 들 수 있어요. 블랙홀 중심의 강한 중력 때문에 블랙홀 뒤편에 있는 밝은 천체나 블랙홀 주변에서 내뿜는 빛은 휘어지면서 블랙홀 주위를 휘감아요. 이렇게 꺾여 나온 빛들은 우리가 볼 수 없는 블랙홀의 가장자리 윤곽이 드러나게 하는데, 이 윤곽을 '블랙홀의 그림자'라고 합니다. 실제로 이번에 관측된 것은 '블랙홀'이 아니라, '블랙홀의 그림자'인 것입니다. 공개된 블랙홀의 모습은 그동안 물리학 이론을 근거로 과학자들이 상상으로 그려 왔던 이미지와 너무나도 흡사했습니다. 관측결과는 104년 전에 아인슈타인이 일반상대성이론으로 예측한 것과 정확히 들어맞았던 것이죠(아인슈타인 만세!). EHT의 구축과 이번 관측결과는 수십 년간의 관측, 기술 그리고 이론 연구의 정점을 보여주었습니다. 이번 국제협력 연구는 전 세계 연구자들의 긴밀한 공동 작업을 요구했으며, 13개의 국제 파트너 기관들이 EHT를 만들기 위해 기존에 있던 기반 시설을 이용하고 각국의 정부 기관으로부터 지원을 받으며 함께

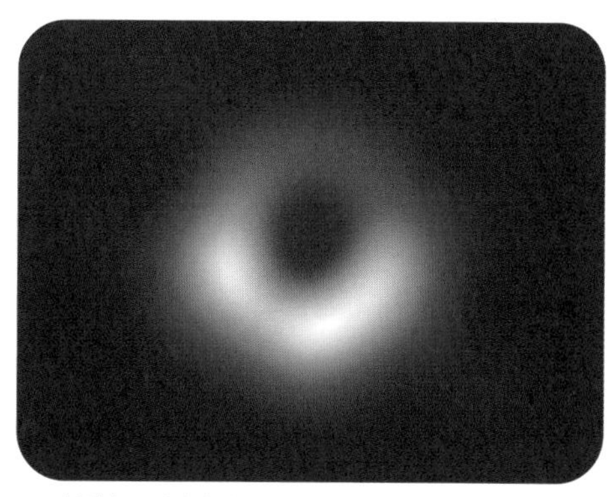
M87 블랙홀 그림자의 실사 이미지

참여했습니다. 주요 예산은 미국국립과학재단(NSF), 유럽연구회(ERC), 한국연구재단을 포함한 동아시아의 여러 연구재단들로부터 재정 지원을 받았습니다.

둘째, 경쟁이 아닌 협력이 필요한 현대 과학에서 여성 과학자의 기여도도 놀라울 정도로 커지고 있습니다. 과거와 달리 이제 여성 과학자의 역할을 남성 과학자의 보조자 정도로 은폐하고 숨기거나 남성 과학자의 공로로 애써 돌릴 필요가 없어지고 있는 것입니다. 이번 블랙홀 관측에 기여한 215명의 과학자 중 한 사람인 20대 여성 과학자 케이티 보우먼(Katie Bouman)에게 언론의 관심이 집중되었습니다. 그녀는 MIT 대학원생 시절이던 2년 전인 2017년에 이미 공개 강연인 테드(TED)에 나와서 이번 블랙홀 관측에 사용된 주요 알고리즘과 EHT 프로젝트에 대해서 설명하기도 했습니다. 동영상 속에서 "지금 당장은 볼 수 없지만, 앞으로 2, 3년 안에 블랙홀 사진을 볼 수 있다."라며 자신에 찬 목소리로 이야기하던 결과물이 정말로 2년 만에 세상에 나온 것입니다. 이번에 관측된 블랙홀은 해상도를 높이기 위해 전 미국, 프랑스, 남극 등 세계 곳곳의 전파망원경 8대를 동원해 지구만 한 전파망원경을 구축한 것입니다. 각각의 전파망원경이 보낸 자료를 토대로 이미지를 만들면 수만 가지 경우의 수가 나오는데, 컴퓨터 공학을 공부하고 있던 보우먼은 이들 중 과학적 이론과 가장 일치하는 단 하나의 이미지를 도출하는 알고리즘을 개발했습니다. 보우먼이 주목받기 시작하자, 그녀의 업적을 폄훼하려는 가짜뉴스까지 나타나기도 했죠. 상대적으로 젊은 여성 과학자의 실제 기여도에 대한 의심은 인터넷상에서 프로젝트에 참여한 다른 백인 남성 연구자가 실제로 기여도가 높은데 업적을 가로챘다는 공격을 받기도 했어요.

EHT의 관측결과가 저장된 하드디스크들 앞에서 환하게 웃고 있는 케이티 보우먼

유튜브에 '케이티 보우먼'을 검색하면 '여성은 6퍼센트의 작업을 했으나 100퍼센트의 업적을 얻었다'라는 제목의 비디오가 검색되기도 했어요. 이와 관련된 남성 연구자는 내용을 전면 부인했고, 끔찍한 성차별이라고 말하기도 했습니다. 상대적으로 젊은 여성 과학자가 집중 조명을 받게 되자 그녀의 실제 기여도를 깎아내리려고 흠집 내려는 사람들이 생겨난 것이랍니다. 남성의 성공과는 다르게 여성의 성공에는 본인의 노력 외에 뭔가 다른 배후가 있을 거라고 추정하며 깎아내리려는 시선들이 사회 각계각층에 여전히 남아 있는데, 과학자의 사회라고 해서 별반 다르지 않다는 사실을 이번 일을 보며 다시 한번 절감하기도 했습니다.

그럼에도 불구하고 한 가지 희망적인 사실도 존재합니다. 영화 〈히든 피겨스〉와 도서 『로켓걸즈』, 『유리우주』에서처럼 과거에는 여성 과학자가 자신의 역할 이상의 일을 하고도 제대로 평가받지 못하고, 이름도 대중 앞에 드러낼 수 없었던 암흑의 시절이 있었어요. 그때에 비하면 확실히 세상은 달라지고는 있는 것 같아요. 이제는 여성 과학자의 이름을 전면에 내세울 수 있는 사회적 분위기가 조성된 것입니다. 그래도 여전히 뛰어난 성과를 보여주는 여성 과학자에게 돌아오는 시선의 일부는 따가운 것도 현실입니다. 남성이건 여성이건, 가능한 모든 인재를 포용하고 소통하는 리더십은 비단 과학자 사회뿐 아니라, 경쟁이 아닌 협력이 절실한 현대 사회를 살아가는 우리 모두에게 꼭 필요한 일임은 두말할 필요가 없겠죠. 또한, 자신이 분석한 5페타바이트(약 5,000테라바이트)에 이르는 관측 데이터를 저장한 하드디스크들 앞에서 환한 미소를 보이며 웃고 있는 케이티 보우먼의 사진을 보면서 전 세계의 수많은 소녀가 과학자나 공학자의 꿈을 꿀 수 있게 되지 않을까 하는 기대를 해봅니다.

우주여행 시대와 차세대 국제우주정거장 루나 게이트웨이

2020년부터 일반인도 국제우주정거장(International Space Station, ISS)에서의 생활을 실제로 체험해 볼 수 있는 길이 열린다고 합니다. NASA가 국제우주정거장을 민간에 상업 용도로 개방한다고 공식적으로 공표했기 때문이죠. 2019년 6월 7일 NASA가 "국제우주정거장을 관광 등 민간 상업 용도로 개방할 예정"이라고 기자회견을 했습니다. 국제우주정거장은 현재까지 지구 바깥에서 사람이 머무를 수 있는 유일한 장소로, 300~400킬로미터 상공의 지구 저궤도를 돕니다.

NASA의 최고재무책임자인 재프 듀잇은 "우주선 운임을 빼고 숙박료로 1인당 1박에 3만 5,000달러(약 4,150만 원)를 내야 한다."고 말했습니다. 숙박료는 국제우주정거장의 물, 공기, 화장실 등 기본적인 생활 시설을 사용하는 데 들어가는 비용을 말합니다. 일단 국제우주정거장에 가려면 유인 우주선을 타고 가야 하는데, 1회 왕복 비용이 자그마치 평균 5,800만 달러(약 688억 원)나 된다고 합니다. NASA에서는 인심 좋게도 이 비싼 왕복 운임 비용은 받지 않고 상대적으로 저렴한 숙박료만 지불하면 우주여행을 가능하게 해주겠다고 발표한 것입니다. 물론 4,150만 원이라는 돈도 일반인에게는 결코 적지 않은 돈이겠죠. 하지만 비싼 해외여행 비용 예산을 몇 회 이상 모으면 가능하기도 할 수 있는 예산이라, 우주 덕후라면 인생에서 단 한 번 정도 버킷리스트에 넣고 꿈꿔 볼 수도 있지 않을까요?

국제우주정거장의 민간 개방과 함께 본격적인 우주여행 시대의 도래를 눈앞에 두고 있는 현시점에서, 기쁘고 설레기만 할 것이 아니라 사전에 반드시 몇 가지 요소는 고려해야 해요. 그중에서도 가장 중요한 것이 바로 '우주방사선'이랍니다.

지구에 사는 지구인은 지구 자기권이라는 거대한 자기장 방패막 때문

우주여행 비용은 왕복 운임 비용을 제외한 국제우주정거장의 숙박료로 약 4,000만 원이 필요하다.

에 지구상에서 살아남을 수 있었어요. 지구 자기권은 태양에서 뿜어져 나오는 태양풍으로부터 지구를 안전하게 보호해 주고 있는 거대한 쉴드이기 때문이죠. 주로 양성자로 이루어진 태양풍에 실려 오고 있는 우주방사선은 태양계의 모든 행성에 치명적인 피해를 입혀 왔고, 현재에도 지구에 방사선 피해를 일으키고 있답니다. 현재 지구 저궤도에서 운영되고 있는 국제우주정거장은 지구의 자기권 내부에 위치한 궤도라서 우주방사선으로부터의 피해가 자기권 밖에 있을 때보다 상대적으로 매우 약한 수준이겠죠.

하지만 2026년부터 운영이 예정된 차세대 국제우주정거장인 루나 게이트웨이(Lunar Orbital Platform-Gateway)는 지구 자기권을 들어왔다 나왔다 하는 달 궤도에 만들어질 예정이라서, 우주방사선에 대한 방호를 이전과는 차원이 다르게 단단히 준비해야 할 것으로 보입니다.

지구의 자기장을 벗어나 장거리 우주여행을 하는 것은 우주비행사 혹은 우주관광객의 암 발생 위험을 높인다는 연구 결과가 이미 나와 있기도 해요. 미국 네바다 대학교 우주물리학과 연구팀에 따르면 장시간 우주여행을 하는 동안 방사선에 노출되면 이미 손상된 세포에 영향을 미칠 뿐만 아니라 근처의 건강한 세포에도 손상을 가해 암 발생 위험이 두 배로 증가한다고

하나의 거대한 자석인 지구 주변의 자기장과 지구 자기권이 형성된 모습이다.

밝히고 있습니다. 우주 공간에 있는 방사선인 우주방사선은 인체에 심각한 세포 손상을 유발하는 것으로 알려져 있어요. 이전의 연구에서 우주여행은 암을 비롯해 백내장, 급성 방사선 증후군 발병 위험을 증가시키고 혈액 순환과 중추 신경계에 문제를 일으키는 것으로 나타났습니다. 여성의 경우에는 심한 경우 유산을 하거나 불임을 불러일으킬 수도 있어요. 우주방사선 문제는 우주를 유영하는 우주비행사뿐 아니라, 지구 상공 10~15킬로미터 고도를 운항하는 민간 항공기의 승무원과 해외여행을 자주 가는 일반인 승객들에게도 문제가 될 수 있습니다.

루나 게이트웨이는 미국 NASA의 주도로 계획 중인 달 궤도에 설치되는 국제우주정거장입니다. 루나 게이트웨이는 2022년부터 엔진 모듈을 한 개씩 순서대로 발사하기 시작해서, 2026년부터 본격 운영될 예정입니다. 현재 전 세계 15개국이 함께 운영하고 있는 국제우주정거장은 2024년까지만 운영되고 그 이후에는 운영이 종료될 예정입니다. 이

2026년부터 차세대 국제우주정거장인 루나 게이트웨이가 달 궤도에서 운영될 예정이다.

에 따라서 차세대 국제우주정거장이 필요해졌고, 이번에는 국제우주정거장을 기존의 국제우주정거장 위치보다 지구에서 좀 더 멀리 떨어져 있는 달 궤도에 만들기로 한 것이에요. 달은 지구에서 약 38만 5,000킬로미터 떨어진 곳에 있는데, 국제우주정거장이 달 궤도에 만들어지는 것이 중요한 이유는, 이번에는 국제우주정거장이 지구의 자기권을 벗어나 운영되는 최초가 될 것이기 때문입니다. 즉, 인류가 지구자기권이라는 거대한 쉴드 없이 우주방사선을 맨몸으로 견뎌내야 한다는 거죠.

이번 루나 게이트웨이는 (1) 달의 위성이면서, (2) 국제우주정거장 역할도 수행하고, 동시에 (3) 화성 탐사 등의 딥 스페이스 미션의 전초기지 역할도 수행할 예정입니다. 이러한 이유로 루나 게이트웨이는 딥 스페이스 게이트웨이(Deep Space Gateway)라고도 불립니다. NASA는 루나 게이트웨이 사업에 참여할 파트너를 전 세계를 대상으로 모집했고, 우리나라도

루나 게이트웨이는 달의 위성이자, 국제우주정거장이자, 화성 탐사의 전초기지로서의 역할을 수행할 예정이다.

자발적으로 참여 의사를 밝히고 있습니다. 한국에서는 한국천문연구원이 큐브위성 미션과 과학 탑재체 등의 센서 제작 및 과학 자료 분석 등으로 기여하는 내용으로 NASA에 프로젝트 참여 제안을 공식화했고, 현재 구체적인 협력 방안을 논의 중이에요. 우리 정부에서는 루나 게이트웨이 프로젝트 참여를 우주 분야의 최상위 의결 기구인 국가우주위원회에서 올해 의결된 '국가 우주협력 추진전략'에 반영하여 적극적으로 추진 중입니다. 루나 게이트웨이 사업에 참여하는 이번 우주개발 프로젝트가 앞으로도 별문제 없이 잘 진행되어서 이참에 우리나라도 광활한 우주에 작은 방(?) 하나라도 갖게 되길 소망해봅니다.

우주 쓰레기의 위협과 스타링크 프로젝트

지구 궤도에는 다양한 용도로 쓰이는 1만 개 가까운 인공위성이 돌고 있습니다. 문제가 되는 것은 수명이 다한 인공위성이겠죠. 이러한 위성은 그냥 고철 덩어리가 되는데, 이 위성들은 도대체 어떻게 처리해야 할까요?

현재까지 발사된 위성 대부분은 수명이 끝나는 시점을 염두에 두고 스스로 우주 잔해물이 되지 않도록 조치할 수 있게 만들어지지 않았어요. 일부 폐기 위성이나 잔해물 중에는 역추진 시스템이 있어서 이를 이용해 통제할 수 있는 상태에서 안전하게 대기권으로 진입시켜 추락시킬 수도 있어요. 그렇지만 대부분은 적절하게 처리되지 않은 채 우주 쓰레기로 남겨지고, 이 잔해물들은 지구 주위를 시간당 수천 킬로미터의 속도로 돌면서 지구와 지구 주변에 위협을 가하고 있는 실정입니다.

그렇다면 지금까지 인공위성 잔해물은 몇 개나 땅에 떨어졌을까요? 현재까지 50개가 넘는 우주 잔해물이 수거되었습니다. 1997년 델타 로켓의 2단 추진체가 낙하하며 네 개의 잔해물을 떨어뜨리기도 했어요. 250킬로그램의 금속 탱크와 30킬로그램의 고압구, 45킬로그램의 추진실, 그 밖의 작은 부품 조각들이 땅에 떨어졌지만, 다행히 다친 사람은 없었답니다. 보통 땅에 떨어지는 우주 잔해물들은 전체 위성 무게의 10~40퍼센트 정도라고 합니다. 하지만 이러한 우주 잔해물들은 본체인 위성의 재료와 구조, 모양, 크기, 무게에 따라 달라져요. 스테인리스스틸이나 티타늄으로 만들어진 빈 연료탱크는 녹는점이 높으므로 대기 재진입 시 대부분 살아남아 땅에 떨어지고, 알루미늄처럼 녹는점이 낮은 부품은 땅에 떨어질 일이 별로 없습니다. 지난 40년 동안 5,400톤이 넘는 물질이 대

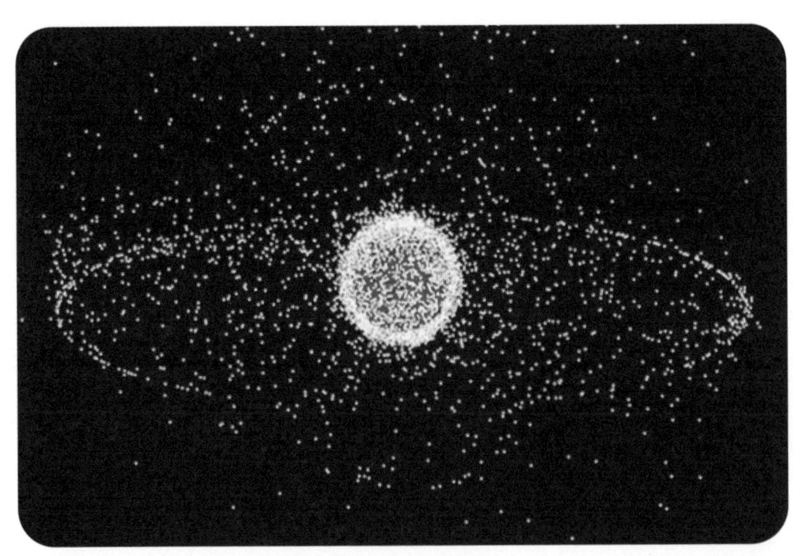

우주 쓰레기의 대략적인 배치도다. 위성들이 많이 운영되고 있는 저궤도(고도 500~1,000킬로미터)와 정지궤도(3만 6,000킬로미터) 부근의 위성 밀집도가 매우 높다는 것을 알 수 있다

기권 재진입 이후에도 소멸되지 않고 땅에 떨어졌지만, 아직까지는 이러한 추락 사건 때문에 직접 피해를 당한 사람은 없다고 보고되었습니다.

우주 쓰레기에 대한 세간의 우려가 커지고 있는 와중에 미국의 엘론 머스크가 시작한 스타링크 프로젝트에 대한 관심이 높아지고 있습니다. 최근에 머스크가 이끄는 미국의 민간 우주기업인 스페이스X가 세계 위성 인터넷망 구축 사업의 닻을 올렸습니다. 지구 저궤도에 자그마치 1만 2,000기의 위성을 띄어 올려서 위성 인터넷 네트워크를 구성한다는 '스타링크(Starlink)' 프로젝트를 시작한 것입니다.

스페이스X는 2019년 5월 23일 밤 10시 30분(미 동부시간 기준, 한국 시각 5월 24일 오전 11시 30분) 미 플로리다 주 케이프커내버럴 공군기지에서 스타링크 첫 위성 60기를 실은 팰컨9 로켓을 발사했습니다. 스타링크 위성은 납작한 패널 모양으로, 안테나와 태양광 패널이 탑재돼 있고 무게는 227킬로그램이라고 합니다.

사실 일반인들은 왜 굳이 위성이 한꺼번에 이렇게 많은 개수가 필요

1997년 1월22일 미국 조지타운 인근에 무게가 250kg에 달하는 위성 '델타-2'의 파편이 떨어졌다.

한지 의아해합니다. 스타링크 인터넷망의 장점은 빠른 통신 연결 속도에 있어요. 현재 사용하고 있는 통신위성은 고도 3만 5,800킬로미터의 정지 궤도를 도는 데 반해 스타링크 위성은 이보다 훨씬 낮은 고도인 저궤도 500킬로미터대를 돕니다. 이는 전파가 지구를 한 번 도는 데 걸리는 시간이 그만큼 단축된다는 걸 의미하죠. 고도에 따라 0.23초 만에 전파가 지구 한 바퀴를 돌 수도 있는 것입니다. 스페이스X는 스타링크가 완성되면 전 세계 인터넷 이용자들이 언제 어디서든 지금보다 수십 배(30~100배) 더 빠른 속도로 인터넷을 이용할 수 있다고 설명합니다.

이번에 발사된 스타링크 위성들은 떠도는 우주 쓰레기를 추적해서 자동으로 충돌을 회피하는 장치를 갖추고 있어요. 게다가 수명이 다하면 지구 대기로 진입하며 스스로 소멸하도록 설계되었다고 합니다. 스페이스X는 이렇게 스스로 소멸되는 위성의 산화율이 위성 추락에 따른 안전 기준을 훨씬 웃도는 95퍼센트라고 밝혔습니다. 위성 추락에 따른 지상에서의 피해 우려는 거의 없다는 주장입니다. 이날 발사한 위성들의 애초 예정 고도는 1,125킬로미터였는데, 스페이스X는 2024년까지 쏘아 올릴 4,425개의 위성 고도를 1,000~1,280킬로미터로 잡고 있었습니다. 그러나 우주 쓰레기 감소 대책을 세우라는 권고에 따라 고도를 낮춰 550킬로미터로 수정했습니다. 현재 위성을 이용해 세계 인터넷망을 구축하는 사업은 미국의 신생 통신회사 원웹, 아마존, 스페이스X가 3파전 경쟁을 벌이고 있습니다. 스페이스X의 머스크는 최소한의 위성 인터넷 서비스를 위해서는 앞으로 60기씩 묶어 6차례 더 발사해야 한다고 말했습니다. 일단 420기의 위성으로 시범 서비스를 시작하겠다는 얘기예요. 스페이스X는 이르면 2020

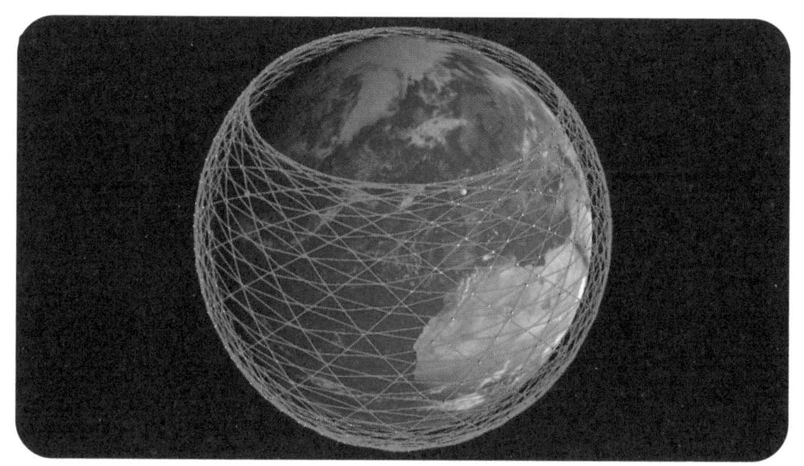

스페이스X의 스타링크 프로젝트에 따른 최종 인터넷위성 배치도다.

년부터 위성 인터넷 서비스를 실시하는 것을 목표로 하고 있습니다. 이쯤에서 궁금해지는 것은, 민간 우주기업인 스페이스X가 뜬금없이 인터넷 위성망을 구축하는 이유는 뭘까요? 머스크는 위성 인터넷 사업을 통해 자신의 최종 목표인 화성 여행과 정착촌 건설에 필요한 천문학적 자금을 모으기 위해서라고 설명한 바 있습니다. 그는 "로켓 발사 사업은 한 해 30억 달러까지 커질 수 있지만, 글로벌 인터넷 사업을 펼치면 연간 300억 달러까지 기대할 수 있다."라고 말했습니다. 머스크가 1만 2,000기의 인공위성을 굳이 쏘아 올리려는 궁극적인 목표는 결국 화성 정착이었던 셈입니다.

이 이야기를 마무리하기 전에 곧 은퇴할 예정인 가장 유명한 인공위성인 허블우주망원경의 은퇴 모습을 한번 상상해보면 어떨까요? 1990년 4월 24일에 세계 최초의 우주망원경인 허블우주망원경이 우주로 발사되었어요. 우주왕복선 디스커버리호에 실려 지구 저궤도에 안착한 허블은

허블우주망원경은 현역 최고령 우주망원경으로 1990년 4월 24일 NASA가 궤도에 올린 인공위성으로서 자체가 거대한 망원경이다.

2019년 현재 29년째, 96분에 한 바퀴씩 지구를 돌며 환상적인 우주의 사진들을 지구로 전송해오고 있어요. 허블우주망원경의 운영 기간은 애초 2017년까지였는데, 그동안의 눈부신 공적에 힘입어 운영 기간 4년 연장을 승인받아서, 2021년 6월 30일까지 운영될 예정입니다.

현재까지 공개된 허블우주망원경의 은퇴 시나리오는 다음과 같습니다. 2021년의 어느 날 작은 우주선이 허블우주망원경과 접선하기 위해 발사될 것입니다. 망원경과 만난 우주선은 스스로 망원경의 몸체에 부착된 뒤 엔진을 작동시켜 남태평양 부근으로 날아갑니다. 허블우주망원경만큼 커다란 위성은 부품 일부가 대기권을 지나면서도 남을 수 있으므로 아예 사람이 살지 않는 바다 위 광활한 지역이 은퇴 장소로 적절할 것이기 때문이죠. 여러 다른 위성들, 비행기, 배 등이 이 망원경의 대기권 재진입을 관찰할 것이며, 이 망원경이 먼 우주를 바라보던 수십 년의 생을 마치고 밝은 혜성으로 변하는 순간을 담을 것입니다. 허블우주망원경처럼 특별하고 긴 임무를 끝낸 위성의 영광을 마무리하기에 이보다 더 적절할 수는 없을 것 같습니다.

황정아

한국천문연구원에서 지구방사선대와 우주환경을 연구하고, 인공위성을 만든다. 석박사 학위과정 동안 과학기술위성 1호의 우주물리 탑재체 개발에 참여하면서 인공위성과의 인연이 시작되었고, 우주날씨를 연구하기 시작했다. 우리나라의 우주탐사에 주도적으로 참여하고 있다. 국가우주위원으로, 정지궤도복합위성개발사업 추진위원회 등에서 활동하며 이 꿈을 향해 한 걸음 한 걸음 나아가고 있다. 20여 년간 인공위성 개발과 우주과학을 연구해온 과학자로서, 세금을 내는 국민들에게 우리나라 과학 현장의 생생한 모습을 전달하는 일이 매우 중요하다고 생각하여 대중과 소통하는 강연과 저술 등을 꾸준히 해오고 있다. 지은 책으로, 『우주날씨 이야기』, 『우주날씨를 말씀드리겠습니다』 등이 있다.

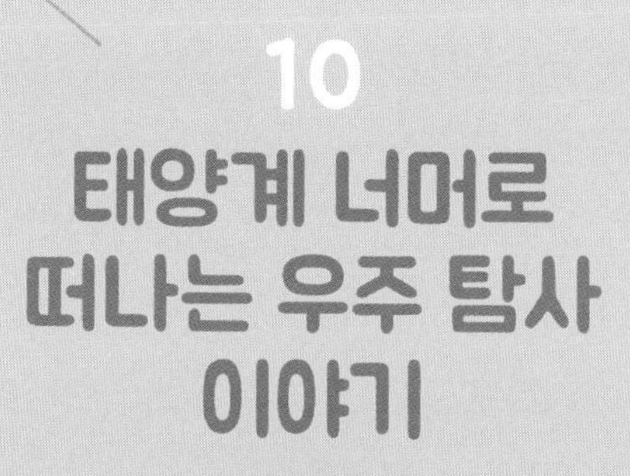

10
태양계 너머로 떠나는 우주 탐사 이야기

이강환

인류는 어디까지 갔을까?

여러분은 '10월의 하늘' 행사가 〈옥토버 스카이〉라는 영화에서 시작되었다는 사실을 알고 있나요? 이 영화는 미국의 탄광촌에 살던 학생이 소련에서 발사한 인공위성을 보면서 과학자의 꿈을 품고 결국엔 NASA의 과학자가 되는 실화를 바탕으로 만든 감동적인 작품입니다. 그래서 저는 우주 탐사에 관해서 이야기해보려 합니다. 인류가 달에 착륙한 게 1969년 7월 20일입니다. 올해는 달 착륙 50주년이 되는 굉장히 뜻깊은 해입니다. 그렇다면 지난 50년 동안 사람들은 달을 넘어서 어디까지 가봤을까요? 안타깝지만 달 이외에 아무 데도 가지 못했습니다.

그런데 NASA가 2018년 10월 1일에 설립 60주년을 맞이하며 다시 달에 간다고 발표했습니다. 지금 다시 달에 가려는 이유 중 하나는 달을 중간기지로 삼기 위해서입니다. 그렇게 달을 중간기지로 삼아서 가려는 곳이 바로 화성입니다. 몇 년 전 화성에 홀로 남겨진 사람이 구조되는 내용을 다룬 〈마션〉이란 영화가 나왔습니다. 화성을 배경으로 한 영화가 너무 많이 나와서 이미 사람이 화성에 갔었다고 생각하는 사람들도 있습니다. 간혹 〈마션〉이 실화에 기반을 둔 영화가 아니냐고 생각하는 사람도 있는데, 이 영화가 현실로 이뤄지려면 앞으로 수십 년은 더 있어야 할 것입니다. 화성에 가는 것은 굉장히 힘든 일이에요.

NASA의 60주년 로고

화성에 가기 위해서는

달은 지구 주위를 돌고 있어서 아무 때나 가서 아무 때나 돌아오면 됩니다. 그런데 화성은 지구 주위를 돌고 있지 않지요. 지구보다 더 먼 거리에서 태양을 중심으로 돌고 있습니다. 화성에 가려면 우선 화성과 지구가 가장 근접했을 때 출발해야 합니다. 화성과 지구의 거리는 가장 가까이 위치하더라도 지구에서 달까지 가는 거리의 150배나 됩니다. 상상이 가나요? 지구에서 달까지 가는 데는 2~3일이 걸리고, 2~3일 만에 돌아올 수 있습니다. 미래에는 일주일만 휴가를 내면 달에 갔다가 올 수도 있을 겁니다. 하지만 화성은 지구와 가장 근접했을 때조차 가는 데만 6개월에서 1년이 걸립니다. 당연히 돌아오는 데도 그 정도가 걸립니다. 거기다 아무 때나 돌아올 수도 없습니다. 화성에 도착해서 이것저것 조사하고 지구로 돌아가려고 하니까 지구는 이미 태양 반대편에 있습니다. 어떻게 해야 할까요? 화성과 지구가 가장 근접할 때까지 다시 기다려야 합니다.

화성과 지구가 다시 근접할 때까지 걸리는 시간을 회합 주기라고 합니다. 지구와 화성의 회합 주기를 계산하면 26개월이 됩니다. 10개월 정도 걸려서 화성에 도착했다면 화성에서 16개월은 더 머물러야 지구로 돌아올 수 있다는 말입니다. 지구로 돌아오는 데 또 10개월 정도가 걸린다면 화성까지 왕복하기 위해서는 36개월은 우주에 있어야 한다는 말이 됩니다. 잠깐 휴가 내고 다녀올 수 있는 곳이 아니죠.

그리고 지구에서 화성으로 가는 일도 쉽지 않습니다. 등산할 때 가장 어려운 코스가 방에서 현관까지라는 말이 있는 것처럼 우주선도 지구의

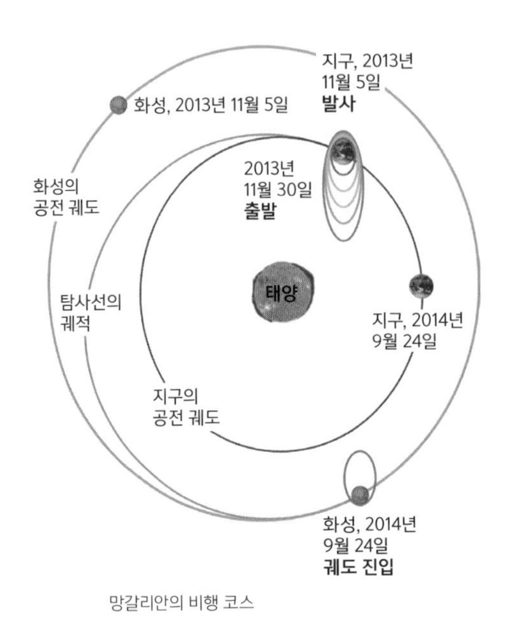

망갈리안의 비행 코스

중력에서 벗어나는 게 가장 어렵습니다. 지구에서 벗어나는 데 대부분의 에너지를 소모하기 때문에 화성으로 빠른 속도로 날아가기가 어렵습니다.

그래서 지구 주위를 빙글빙글 돌면서 우주선의 속도를 높입니다. 이것을 '스윙바이(Swingby)'라고 합니다. 속도를 점점 높이다가 지구가 태양 주위를 도는 방향으로 날아갑니다. 우주선에 지구의 공전 속도를 더해주는 거죠. 인도의 화성탐사선 '망갈리안(Mangalyaan)'이 실제로 이런 방법으로 2013년 11월 5일에 발사되어 2014년 9월 24일에 화성 궤도에 진입했습니다. 10개월하고도 19일이 더 걸렸습니다.

인도와 일본은 어디까지 갔을까?

화성에 탐사선을 보낸 나라는 지금까지 총 4개국으로 미국, 러시아, 유럽, 인도입니다. 보통 인도가 아니라 중국이나 일본을 먼저 떠올리는데, 인도가 화성탐사선을 아시아에서 첫 번째, 세계에서 네 번째로 성공했습니다. 인도에 대한 여러분들의 이미지가 어떤지는 잘 모르겠지만, 적어도 우주 기술만큼은 우리나라보다 상당히 앞서 있습니다. 인도가 화성을 탐사하는 동안 일본은 다른 곳을 노렸습니다. 혹시 하야부사(Hayabusa)라고 들어보셨나요? 검색해보면 오토바이가 먼저 나오는데 송골매라는 뜻을 가진 일본의 소행성 탐사선입니다. 일본은 이 탐사선을 2003년에 발사했습니다. 그리고 2005년에 이토카와라는 소행성에 착륙한 뒤, 소행성의 표본을 수집해 2007년까지 지구로 돌아오는 게 목표였습니다. 그런데 탐사선이 고장 나면서 지구와 통신이 끊깁니다. 다들 실패했다고 생각했지만, 혹시 몰라서 계속 통신을 시도했습니다. 그러다 2009년에 다시 탐사선과 통신이 연결됐고, 무려 7년 동안 60억 킬로미터를 날아서 2010년 6월 13일에 지구로 돌아왔습니다.

인간이 만든 우주선이 지구를 벗어나 다른 곳에 착륙하고 다시 돌아온 건 하야부사 외에 뭐가 또 있을까요? 아폴로 우주선이 달에 갔던 1969년, 1970년, 1971년 이후로 39년 만에 처음입니다. 정말 굉장한 사건이에요. 그런데 여러분은 이런 뉴스를 들어봤나요? 아마 못 들어봤을 겁니다. 왜냐하면 일본이 만든 우주선이기 때문입니다. 우리나라에선 일본이 잘했다는 뉴스는 별로 나오지 않습니다. 일본에 축구나 야구 같은 스포츠 경기를 지면 굉장히 화를 내지만, 이런 과학기술에서 뒤처지는 건 아무렇지도 않게 생각하는 경향이 있습니다. 거기다 2010년 6월 12일은 남아공 월드컵에서 우리나라가 그리스를 2 대 0으로 이긴 날이었습니다. 다음날까지 뉴스에서 종일 축구 소식만 나와서 당연히 하야부사를 모르는 사람이 더 많을 겁니다.

하지만 일본에선 엄청난 뉴스였습니다. 일본 사람들은 하야부사를 모르는 사람이 아무도 없습니다. 일본 어린이들은 하야부사가 소행성에 언제 착륙했고 몇 년 만에 다시 돌아왔는지 다 알고 있습니다. 심지어 영화로도 만들어져서 보고 있습니다. 일본 사람들은 하야부사, 자국의 우주 기술에 자부심이 강합니다. 이 지점에서 일본과 우리나라의 격차가 이미 벌어졌다고 봅니다. 일본 어린이들이 하야부사를 보면서 일본의 과학기술을 자랑스럽게 생각할 수 있다는 게 부럽습니다. NASA의 첫 번째 목표는 다음 세대에게 꿈을 주는 것입니다. 경제에 도움이 되거나 실용적인 목적이 목표가 아닙니다. 우주 탐사의 가장 중요한 목표 가운데 하나인 다음 세대에게 꿈을 줄 기회를 우리가 많이 잃고 있다는 사실이 안타깝습니다.

그리고 이게 끝이 아닙니다. 일본은 2014년에 하야부사 2호를 발사했는데, 그 탐사선이 2018년에 소행성 류구에 착륙했습니다. 이것도 굉장한 사건인데 대부분 모릅니다. 2018년 6월 27일, 하야부사 2호가 소행성 궤도 진입에 성공했을 때 전 세계적으로 뉴스가 나왔습니다. 그런데 우리나라에서는 거의 보도가 되지 않았습니다. 하필 이날은 러시아 월드컵에서 우리나라가 독일을 상대로 2 대 0으로 승리를 거둔 날이었습니다.

하야부사 2호의 실제 크기 모형

하야부사 2호의 성공은 축구 뉴스에 금방 묻혀버렸습니다. 현재 하야부사 2호는 소행성에 구슬을 발사해 먼지를 일으켜서 먼지를 수집하고 있습니다. 그리고 2020년에 소행성의 표본을 수집해 지구로 돌아올 예정입니다. 그날은 우리나라에 또 어떤 승리가 기다리고 있을지 궁금하네요.

중국의 뛰어난 우주 기술

중국은 이미 2003년에 유인 우주선을 만들어서 우주로 보냈을 정도로 우주 기술이 뛰어납니다. 그리고 중국은 자체적으로 우주정거장을 만들기도 했는데, 중국의 우주정거장 톈궁(Tiangong) 1호가 2018년 4월에 지구로 추락하기도 했습니다. 그때 톈궁 1호가 우리나라에 떨어질 수도 있다고 뉴스가 나온 적이 있습니다. 중국이 뭔가 사고를 쳐서 우리나라를 위협에 빠뜨렸다는 뉘앙스를 주는 뉴스였는데, 원래 우주정거장은 수명을 다하면 추락합니다. 우주정거장은 300~400킬로미터 상공에

중국이 자체적으로 만든 우주정거장 톈궁 1호

있는데 거기에도 미세하지만 공기가 있습니다. 우주정거장은 공기와의 마찰로 인해서 그대로 두면 추락하게 됩니다. 그래서 한 번씩 연료를 사용해 고도를 높여주는 작업을 하는데, 톈궁 1호는 수명을 다했기 때문에 추락한 겁니다. 중국이 사고를 쳤던 게 아니라 자체적인 우주정거장을 만들 수 있을 정도로 우주 기술이 뛰어나다는 사실을 뉴스에서 강조하지 않은 게 제일 답답했습니다.

또 중국은 세계에서 미국과 소련 다음에 세 번째로 달에 착륙한 나라입니다. 2019년 1월 3일, 중국은 세계 최초로 달 뒷면에 착륙했습니다. 달 뒷면 착륙은 생각만큼 쉽지 않습니다. 달 뒷면은 지구에서 보이지 않아서 탐사선이 달의 뒤쪽으로 들어가는 순간부터 지구와 통신이 끊깁니다. 그래서 중국은 달에 통신 위성을 하나 발사했습니다. 그 통신 위성으로 탐사선과 교신하면서 달 착륙을 성공시킨 겁니다.

우주에서 생활하는 데 필요한 것

이제 다시 화성으로 가보겠습니다. 미국, 러시아, 유럽, 인도가 화성으로 탐사선을 보냈다고 이야기했는데, 화성에 착륙해본 나라는 미국 외에는 아직 없습니다. 미국이 보낸 탐사선이 화성에 착륙하는 장면은 유튜브로 공개되어 있습니다. 물론 CG로 만든 영상이지만, 이 영상만 보더라도 굉장한 기술을 확인할 수 있습니다. 화성에 착륙했다는 말은 지금도 사람을 우주선에 태워서 보내면 화성에 착륙할 수 있다는 뜻입니다. 문제는 다시 돌아올 수가 없다는 거죠.

화성까지 가는 시간을 최단 거리로 계산해보면 가는 데만 224일이 걸리고, 458일을 기다린 다음에 237일 동안 돌아와야 합니다. 화성을 왕복하는 데는 총 919일이 걸립니다. 그렇다면 화성에 가기 위한 우주인이 되기 위해서는 무엇이 필요할까요?

우선 성격이 무던하고 좋아야 합니다. 달에 간 아폴로 우주선은 굉장히 좁은 공간에서 3명이 2~3일 동안 딱 붙어서 날아갔습니다. 마찬가지로 화성으로 가는 우주선이 아무리 크더라도 생활공간은 그리 크지 않을 겁니다. 화성탐사선에 한 사람만 타지는 않을 것이고 아마도 최소 3명이 가지 않을까 생각됩니다. 좁은 공간에서 919일을 같이 지낸다고 생각해봅시다. 성격이 예민한 사람이 견딜 수 있을까요?

그다음에는 근육과 뼈를 강화해야 합니다. 일단 900일 이상 연속으로 우주에서 인간이 생활해본 적이 없습니다. 장기간 우주에서 생활하면 우선 근육이 약해집니다. 우주로 가면 중력이 없어서 힘쓸 일도 없습니다. 그래서 운동을 열심히 해야 근육이 약해지지 않습니다. 그런데 문제

국제우주정거장의 내부 모습

는 뼈도 약해진다는 데 있습니다. 근육보다 뼈를 더 쓸 일이 없어서 몸이 금방 알아차리고는, 뼈에서 쓸모없는 영양분을 계속 빼냅니다. 이건 막을 방법이 없습니다. 그래서 이 상태로 200여 일을 우주에서 지내다가 화성으로 내려가면 뼈가 약해진 상태라 화성에서의 임무를 수행하기가 쉽지 않을 것입니다. 영화를 보면 우주선이 도넛 모양으로 되어 있는 경우가 많은데 우주선을 회전시켜 인공중력을 발생하기 위해서입니다. 원심력으로 인공중력을 발생시키는 우주선이 만들어져야만 화성으로 출발할 수 있을 겁니다.

마지막으로 가장 큰 문제는 방사능입니다. 우리가 지구에 있어서 느끼지 못하지만, 태양과 우주로부터 엄청난 입자와 방사선이 쏟아지고 있습니다. 이걸 우주방사선이라고 하는데 지구의 대기와 자기장이 다 막아주고 있습니다. 그런데 우주로 나가면 대기와 자기장이 없습니다. 우주방사선은 우주선의 철판은 그냥 통과해서 그대로 몸을 관통합니다. 화성으로 가는 동안 노출되는 방사선은 원자력 발전소 직원이 받는 한계치의 15배나 됩니다. 특수한 방법을 개발하지 않으면 화성으로 사람을 보내는 건 불가능합니다. 그리고 화성에 도착해도 문제인 게 화성에는 자기장이 없고 대기가 지구의 1퍼센트에 불과합니다. 이 말은 화성에서도 우주방사선에 노출된다는 뜻입니다. 만약 화성에 기지를 만든다면 화성 표면이 아니라 지하 동굴을 찾아서 만들어야 할 겁니다.

이러한 문제들을 해결하지 못했기 때문에 아직 화성에 사람을 보내지 못한 겁니다. 그럼에도 불구하고 화성에 사람을 보내겠다는 인물이 있습니다. 자동차회사 테슬라의 CEO이자 스페이스X라는 민간 우주기업의 사장인 엘론 머스크입니다. 머스크는 2022년부터 화성에 한 번에 100명씩 보내겠다고 2016년에 발표했습니다. 스페이스X에서 화성으로 보낼 좋은 로켓을 만들기도 했지만, 앞서 말한 세 가지 문제를 해결하기 위해선 시간이 한참 더 필요할 겁니다.

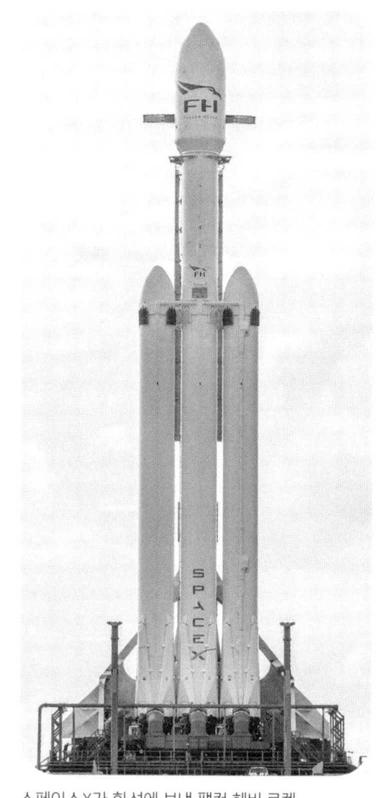

스페이스X가 화성에 보낸 팰컨 헤비 로켓

태양계 너머로 떠나려면

화성으로 사람을 보내는 게 어렵지 탐사선을 보낸 적은 있다고 이야기했습니다. 그런데 화성보다 더 멀리 탐사선을 보내려면 어떻게 해야 할까요? 보이저(Voyager)라고 NASA에서 1977년에 발사한 탐사선이 있습니다. 보이저호는 목성과 토성, 천왕성과 해왕성을 거쳐서 날아갔습니다. 1977년에 발사한 이유는 이때 보내야만 4개의 행성을 거치면서 갈 수 있었기 때문입니다. 이렇게 다시 보내려면 몇 백 년이 걸립니다. 보이저호를 발사하고 42년이 지났습니다. 보이저호는 현재 태양계를 막 벗어났다고 합니다.

하지만 실제로 태양계를 벗어났다고 말할 수 있는지는 의문입니다. 과학자들은 태양계의 경계를 정했습니다. 앞서 태양과 우주에서 많은 입자가 오고 있다고 이야기했습니다. 지구에선 우주보다 태양에서 오는 입자들이 훨씬 많습니다. 그런데 지구에서 멀리 가면 갈수록 태양에서 오는 입자는 줄어들고 우주에서 오는 입자는 많아집니다. 그러다가 두 입자가 똑같이 측정되는 지점이 있습니다. 그 지점을 태양계의 경계라고 정한 겁니다. 그 경계까지 가는 데만 40여 년이 걸렸습니다. 그런데 이 경계보다 바깥쪽에 카이퍼 벨트(Kuiper Belt)가 있고 더 멀리 가면 오르트 구름(Oort Cloud)이 있습니다. 오르트 구름에서 오는 혜성들은 태양의 중력에 따라 움직입니다. 태양의 영향력이 미치는 이곳도 당연히 태양계라고 말할 수 있습니다. 하지만 보이저호가 오르트 구름을 지나려면 앞으로 만 년을 더 기다려야 합니다. 그래서 우리가 살아 있는 동안 태양계를 벗어나려면 앞서 설명한 지점을 경계로 그어야 합니다. 다른 곳에 그으면 기본 천 년에서 만 년까지 갑니다. 우주는 그만큼 너무나 넓습니다.

보이저호의 속도가 느린 탓에 오래 걸린다고 생각할 수도 있는데, 보이저호는 현재 초속 17킬로미터로 날아가고 있습니다. 총알의 속도가 대략 초속 1킬로미터입니다. 보이저호는 총알보다 17배는 빠릅니다. 명왕성을

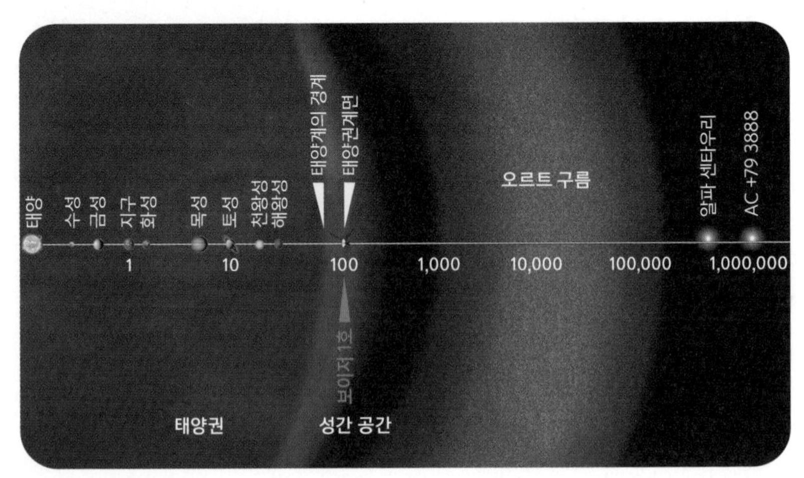

현재 보이저호가 있는 위치

탐사한 뉴호라이즌스호는 대략 초속 20킬로미터로 날아갔습니다. 총알보다 20배 빠른 속도로 날아서 명왕성까지 10년이 걸렸습니다. 이 속도로 태양계와 가까운 항성계인 알파 센타우리까지 가는 데 6만 년이 걸립니다. 만약 뛰어난 기술을 가진 외계인이 알파 센타우리에서 10배 빠르게 와도 6천 년이 걸립니다. 100배 빠르면 6백 년이고 1,000배 빠르면 60년 만에 지구로 올 수 있습니다. 1,000배 정도 빨라도 빛의 속도의 10분의 1도 되지 않습니다.

그러면 빛의 속도로 간다고 생각해봅시다. 우주선이 갑자기 빛의 속도로 날아가면 그 안에 타고 있는 사람은 빛의 속도로 넘어집니다. 그래서 사람이 버틸 수 있는 정도로 가속을 해야 합니다. 지구 중력의 10배 정도로 가속을 해봅니다. 물론 사람은 지구 중력의 10배를 버틸 수 없지만, 과학기술의 발전으로 그 정도는 버틸 수 있는 기술이 개발되었다고 합시다. 그렇게 의자에 몸을 딱 붙인 채로 한 달 정도를 가속하면 빛의 속도에 가깝게 도달합니다. 그리고 4년을 날아가서 가장 가까운 별에 도착합니다. 그럼 우주선을 세워야 하는데, 이것도 역시 갑자기 세울 수는 없습니다. 가속할 때와 마찬가지로 지구 중력의 10배로 감속을 합니다. 이번엔 몸이 앞으로 쏠리고 이 상태로 또 한 달을 버텨야 합니다. 그리고 돌아오려면 다시 그 과정을 반복해야죠. 빛의 속도로 여행을 할 수 있다고 해도 우주여행을 마음대로 하기는 어렵습니다.

태양계 너머로 나가는 우주여행은 현재 기술로는 불가능합니다. 우주여행을 하려면 공간 이동을 하든지, 공간을 접고 워프를 하든지, 〈인터스텔라〉 영화처럼 웜홀을 통과하든지 해야 가능합니다. 이런 기술은 이론적으로는 가능할 수도 있겠지만, 인류의 발전 속도로 볼 때 앞으로 수백 년은 지나야 가능하지 않을까요? 이것도 너무 빨라 보이네요. 일단 기술도 기술이지만 에너지가 문제입니다. 방금 말한 방법들로 여행하려면 자신이 속한 항성계 전체의 에너지를 소모해야 합니다. 무슨 말이냐 하면 태양계에서 다른 항성계로 이동하려면 태양의 에너지를 다 사용해야 한다는 뜻입니다. 우주여행을 여기저기 다니려면 별 몇 개 분량의 에너지는 연료통에 넣고 다녀야 합니다. 그 정도로 큰 에너지가 필요합니다.

우주를 탐사하는 다양한 방법

적어도 얼마 동안은 사람은 태양계 너머로 직접 갈 수 없다고 이야기했습니다. 웬만큼 과학기술이 발전한 외계인에게도 우주여행은 쉬운 일이 아닙니다. 그래서 대신 외계에서 오는 신호를 탐지하기로 했습니다. 우리와 비슷한 외계의 지적 생명체라면 어떤 신호를 우주로 보낼 수도 있습니다. 외계의 신호를 받는 내용은 영화 〈콘택트〉에서 잘 나옵니다. 현실에선 앨런 텔레스코프 어레이(Allen Telescope Array, ATA)라는 곳에서 전파망원경을 통해 외계 신호를 탐지하고 있습니다. 이곳은 빌 게이츠와 마이크로소프트를 공동으로 창업한 폴 앨런(Paul Allen)이 280억 원을 기부해서 만들어졌습니다. 하지만 운영비를 감당할 수 없어서 전파망원경의 사용을 멈춘 적도 있습니다. 그러다 최근에 새로운 기부자가 나타납니다. 바로 유리 밀너(Yuri Milner)라는 물리학자 출신의 사업가입니다. 밀너가 2015년에 앞으로 10년간 천억 원을 외계의 지적 생명체 탐사(Search for Extra-Terrestrial Intelligence, SETI)에 기부한다고 발표했습니다.

거기다 밀너는 초소형 우주선을 만들어서 다른 항성계로 보내는 계획에도 천억 원을 투자했습니다. 보이저호 처럼 큰 우주선은 초속 20킬로미터 이상 나오기 어렵습니다. 하지만 초소형 우주선에 돛을 달고 강한 레이저를 쏴서 광압으로 가속을 하면 초속 8만 킬로미터 정도 나오게 됩니다. 이 속도로 날아가면 가장 가까운 항성계까지 20년이 걸립니다. 이런 와중에 NASA에서 지구와 최단 거리에 있는 프록시마 센타우리에 지구와 비슷한 행성이 있다는 발표를 합니다. 그래서 초소형 우주선은 NASA에서 발표한 지구와 비슷한 행성에 보낼 예정입니다. 10년 개발하고, 20년 날아가서 지구로 보낸 신호를 받는 데 4년이 걸립니다. 앞으로 35년 정도면 다른 항성계에서 생명체를 확인할 수 있습니다.

유리 밀너

우리나라 우주 탐사의 미래를 위하여

예전엔 외계의 지적 생명체를 찾는다거나 외계로 우주선을 보낸다는 건 말도 안 되는 일이었습니다. 그래서 그런 연구는 하지 말라는 얘기도 많이 나왔는데, 지금은 다들 아주 자연스럽게 받아들이고 있습니다. 예를 들어 2017년에 나온 한 논문은 우주에서 굉장히 강한 전파 신호를 발견했다고 합니다. 기존에는 별이 폭발했다거나 충돌했다든지, 블랙홀로 빨려 들어갔다는 설명만 있었는데, 어쩌면 외계인이 강한 전파를 쏘아서 우주선을 가속하고 있는지도 모른다는 내용이 그 논문에 실렸습니다. 10년 전이라면 너무 과장되거나 황당하다는 반응이 나왔을 텐데 지금은 다릅니다. 이제 주류 천문학자들도 외계의 지적 생명체가 충분히 존재할 수 있다고 생각하고 있습니다. 그래서 NASA도 이제 외계인을 찾기 위해 본격적으로 움직이고 있습니다. 이게 현재의 분위기예요.

당연히 우리나라도 여기에 관심을 가져야겠지요. 지금 우리나라도 달 탐사를 위한 준비를 하고 있습니다. 중국은 이미 보냈고, 인도나 일본도 충분히 보낼 기술이 됩니다. 우리는 우주 탐사에서 다른 나라들과 비교해서 10년 넘게 뒤처지고 있는 상황입니다. 그러면 뒤처졌다고 포기해야 할까요? 우리가 앞으로 우주 탐사를 하지 않고 그냥 이대로 만족한다면 그만해도 됩니다. 하지만 그렇지 않다면 아무리 늦었다고 하더라도 우주 탐사를 해야 합니다. 왜냐하면 우주 기술은 어느 나라도 다른 나라에 전수해주지 않기 때문입니다.

한국형 시험발사체의 발사 장면

지금부터 한 단계씩 따라가야 하는데 우리나라 우주 탐사에서 가장 큰 장애물이 있습니다. '지금 해봤자 언제 따라잡느냐, 시간 낭비다', '경제에 도움이 되느냐, 먹고 사는 데 무슨 도움이 되냐'는 근시안적 인식이 문제입니다. 왜 미국이나 유럽에서 엄청난 돈을 들여서 우주 탐사를 계속 진행하고 있을까요? 물론 나중에는 우주 개발로 경제에 도움이 될 수도 있습니다. 하지만 그게 전부는 아닙니다. 우주 탐사를 당연시하는 것, 이런 나라들이 선진국입니다. 우주 탐사나 기초과학에 대한 지원은 이유가 있어서 하는 게 아닙니다. 이걸 단순히 경제 발전에 도움이 되기 때문에 한다는 건 아주 후진국적인 인식입니다. 우리나라 정도의 경제 규모라면 우주 탐사나 기초과학에 대한 지원은 당연히 하는 것입니다. 우리가 아니면 누가 우주 탐사를 할까요? 이러한 기술은 어디서나 쉽게 개발할 수 있는 게 아닙니다. 우리나라 정도라면 충분히 할 수 있습니다.

최근 NASA에서 달 탐사를 같이하자고 우리나라에 제안했습니다. 달 탐사 비용을 분담하기 위한 목적도 있지만, 우리나라가 경제력과 능력이 되기 때문입니다. 우리나라의 우주 기술이 뒤처진다고만 이야기했는데, 잘하는 것도 예를 들어보겠습니다. 한국천문연구원에서는 현재 세계 최초로 편대로 비행하는 인공위성을 만들고 있습니다. 1~2미터 정도 되는 작은 인공위성 4대가 편대로 비행하며 서로 교신하는데, 원래 인공위성은 올라가면 자세를 바로잡는 것 이외에 위치를 바꾸는 경우는 없습니다. 우리나라가 발사체는 아직 없지만, 인공위성 제작에는 세계적인 기술을 가지고 있습니다.

그리고 우리나라 연구진은 NASA와 같이 우주망원경을 공동으로 개발하고 있습니다. 허블 우주망원경처럼 오래 사용하는 우주망원경도 있지만, 우주에는 3~4년 정도 사용하는 작은 우주망원경이 많이 있습니다. 나사는 여러 나라에서 우주망원경 제안서를 받고 좋다고 판단하는

NASA와 함께 우리나라가 공동으로 개발 중인 우주망원경 '스피어엑스'

것을 공동으로 개발하기도 합니다. 그중에서 2023년에 발사할 대형 우주망원경 하나를 우리나라 연구진이 제안해서 NASA에 채택되었습니다. 과학에 대한 인식이 열악하지만, 우리나라 과학자들은 열심히 일하면서 뛰어난 능력을 발휘하고 있습니다.

여러분이 만약 과학자를 꿈꾸고 있다면 미래를 걱정하지 않아도 된다고 말씀드릴게요. 우리나라는 과학 수준이 높은 편이고 앞으로 가능성도 충분히 있습니다. 혹시 우리나라가 안 된다면 중국에 가도 됩니다. 중국은 기초과학에 많은 투자를 하고 있고, 여러분이 커서 과학자로 자리를 잡을 때쯤이면 아마 중국 정도는 출퇴근도 가능할 겁니다. 과학은 원래 국제적으로 활동하는 분야입니다. 물론 중국으로 실제로 가서 연구하라는 뜻은 아닙니다. 우리나라가 제대로 하지 않으면 국내의 과학 인재들은 중국에 뺏길 확률이 높습니다. 한국에서 제대로 훈련받은 과학자는 굉장히 유능하다는 걸 다른 나라 과학자들은 잘 알고 있습니다. 우리나라가 미래에 과학 인재들을 뺏기지 않으려면 과학에 많은 지원과 투자를 해야 합니다. 왜냐하면 이러한 것들이 선진국의 의무이자 품격이기 때문입니다. 이제 우리나라는 선진국이라는 사실을 잊지 마시기 바랍니다.

이강환

천문학자. 서대문자연사박물관장. 천문학을 공부하고 오랫동안 많은 사람에게 과학을 알려 왔다. 과학이 어렵고 거리감 있는 분야라는 한계를 넘어 사람들이 즐겁게 받아들일 수 있도록 강연하고 책을 쓰고 있다. 또 여러 매체를 통해 과학이 하나의 취미나 교양으로 정착할 수 있도록 많은 노력을 기울이고 있다. 서울대학교 천문학과를 졸업하고 같은 대학원에서 박사학위를 받았다. 영국 켄트 대학교에서 로열 소사이어티 펠로우로 연구했고, 국립과천과학관에서 천문 분야와 관련된 시설을 운영하고 프로그램을 개발했다. 쓴 책으로 『빅뱅의 메아리』, 『외계생명체 탐사기』(공저), 『과학하고 앉아있네 7』(공저), 『소년소녀, 과학하라!』(공저) 등이 있으며 『우주의 끝을 찾아서』로 제55회 한국출판문화상을 수상했다. 『초등학생이 알아야 할 우주 100가지』, 『우리 안의 우주』, 『과학 탐험대 신기한 스쿨버스』 등 많은 과학책을 한국어로 옮겼다.

10월의 하늘 20주년을 기대하며

10월의 하늘 준비위원회

손유리
총무

'10월의 하늘' 덕분에 지난 6년간 감동과 두근거림으로 가득했습니다. '10월의 하늘'이 뭉클하고 따뜻하게 다가오는 이유는, 과학자를 만나보고 싶어 하는 어린아이들의 간절한 마음을 잘 알기 때문입니다. 설렘과 열정으로 '10월의 하늘'에 참여했던 날들은 소중한 기억입니다. 어린 시절, 누군가에게 도움이 되는 사람으로 살자고 다짐했던 그때의 소망을 실현할 수 있도록 해줘서 정말 감사합니다. 더불어 감동적인 행사를 오랫동안 꾸준히 이어올 수 있도록 해주신 정재승 박사님께도 진심으로 감사합니다. 우리가 함께할 수 있는 이유는, 모두가 한마음으로 '10월의 하늘'이 추구하는 취지와 지향하는 바를 잘 이해하고 공감하고 있기 때문입니다. 정말 중요한 것을 잊지 않게 해주는 '10월의 하늘'이 있어 행복합니다. 늘 기대하며 설레는 마음으로 오래 함께해 나가길 소망합니다.

서영애
홍보팀

'10월의 하늘'과 함께한 지 어느새 10년이 되었습니다. 과학자는 아니지만, 아이들을 위해 내가 할 수 있는 일을 하고 싶어서 진행 기부를 시작하게 되었고 지금은 준비위원으로 활동하고 있습니다. 아이들을 위해 작게나마 보탬이 된다는 것은 저에게 분명 큰 위안이 됩니다. 10주년을 기념하며 전국에서 이어진 강연을 모은 10주년 특별판의 출간을 축하합니다.

김영은
홍보팀

이 행사에 처음 참여했던 날, 전국 각지에서 모인 선한 영향력에 취해 10주년까지 갔으면 좋겠다고 생각했었는데, 정말로 10주년이 되어 열 번째 '10월의 하늘'을 함께 준비할 수 있어서 영광이었습니다. 10년 동안 준비하고 참여해주신 분들 감사합니다!

문성준
도서관팀

진행자와 강연자, 봉사하시는 한 분 한 분의 소중함이 모여 '10월의 하늘'이 되었습니다.

윤가영
도서관팀

앞으로 더 오랜 시간 동안 '10월의 하늘'이 맑았으면 좋겠습니다.

조혜림
도서관팀

'10월의 하늘'을 통해 과학과 가까워지는 아이들이 더욱더 많아지길 기원하겠습니다!

김근영
도서관팀

많은 사람이 마음을 내어 준비한 과학강연을 통해 아이들이 저마다의 호기심을 키우고 저마다의 꿈을 갖게 되길 소망합니다. 이 일에 함께할 수 있어 기쁩니다.

이민아
도서관팀

10년이란 시간 동안 무엇을 한다는 것은 애정 없이는 불가능한 일입니다. 매년 10월의 마지막 토요일, 많은 이들의 정성이 울려 퍼지던 그날의 하늘은 때론 비가 오기도 했고, 구름이 있기도 했지만, 언제나 제 마음은 '맑음'이었습니다. 멋진 분들의 조건 없는 애정 덕분이었지요. 재능기부를 하러 갔다가 감사하고, 행복한 마음만 안고 돌아오게 되는 '10월의 하늘'이 있어 제 삶도 조금 더 맑아집니다. 그래서 여전히 좋아합니다.

남경균
기술지원팀

과학자와 공학자를 꿈꾸는 아이들이 실망하지 않는 사회가 오는 그날까지!

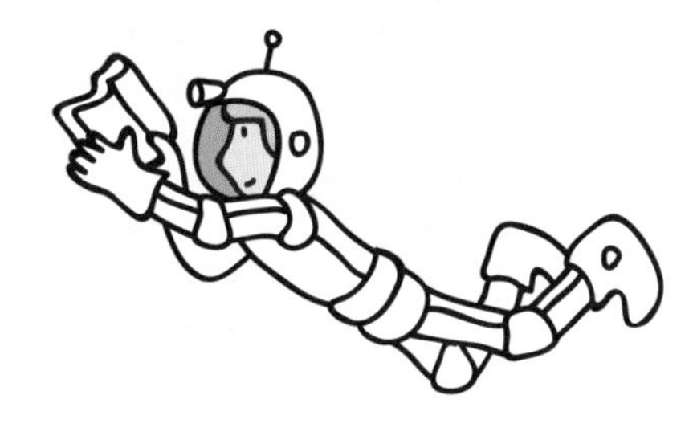

이동환
기술지원팀

십: 십 주년이군요, 벌써!
주: 준비하느라 정말 힘들었지만,
년: 연말의 우리는 정말 행복하고 보람될 거예요 :)

김연중
기술지원팀

준: 준비위, 강연, 진행기부자가 만들어가는 '10월의 하늘'입니다.
비: 비록 올해는 10주년 준비로 고생을 많이 했지만
위: 위대한 미래의 과학자들을 위한 강연, 진행기부자 덕분에 든든합니다.

박영찬
기술지원팀

깊은 영화와 아름다운 시에 감동하듯, 옛날 옛적 어느 탄광촌의 아이처럼 과학에 감동하여 꿈을 품고 있는 친구들에게, 꿈을 키워줄 수 있는 10월이 되길 바라며.

성정은
파티 및 뒤풀이팀

아이들이 미래의 꿈을 꾸도록 도울 수 있다는 건 참 행복하고 의미 있는 일이라 생각합니다. 더 많은 아이가 과학과 함께 꿈꿀 수 있도록 10주년을 넘어 100주년으로 이어지는 '10월의 하늘'이 되길 바랍니다.

우나민
파티 및 뒤풀이팀

오늘의 과학자가 내일의 과학자를 만나는 행복한 울림이 더 깊게 넓게 이어지길 기원합니다.

'10월의 하늘'은 앞으로도 계속 됩니다!

2010

2019

2019
십 대, 미래를
과학하라!

2018
십 대를 위한
미래과학
콘서트

2018

2017

2011

2012

2012
과학, 10월의
하늘을 날다

2013

2013
10월의 하늘
내일의 과학자를
만나다

'10월의 하늘'은 중소도시
학생들에게 과학의 경이로움과
기쁨을 알리기 위해 모인 사람들이 여는
무료 과학 강연 기부 행사입니다.

2014

2014
헬로, 사이언스

2015

2016

2016
쇼미더사이언스

이미지 출처

01 인공지능 시대, 미래의 기회는 어디에 있을까?

020 ©Softbank Robotics Europe
023 www.ted.com
031 위쪽 ©Los Alamos National Laboratory
033 www.google.com
035 위쪽 ©null0, 아래쪽 www.ggac.or.kr

02 사람의 뇌와 뇌를 연결하는 법

042 Amy Cuddy, TED
044 MIT Media Lab
045 Salvatore Aglioti et al., Nature Neuroscience Paper
051 youtu.be/nNuntbrwXsM
052 Rajesh Rao Lab, Science Alert
053 Uri Hasson Lab

03 생각의 지평을 넓혀주는 도구, 슈퍼컴퓨터

060 ©Carlos Jones/ORNL
062 youtu.be/RAMifWypVkQ
075 youtu.be/TGSRvV9u32M

04 스마트교통으로 만나는 미래 세상

083 국가기록원
085 위쪽 ©Subway06
086 ©travel oriented
088 대전광역시 공공교통정책과
093 www.tesla.com/models
094 youtu.be/2t0E4AcVu6o
095 ©Grendelkhan
098 왼쪽 ©Milky, 오른쪽 ©Jwh
099 www.uber.com

05 티라노가 털복숭이라고?

106 youtu.be/W2bgeq6hAIU
107 위쪽 ©Alnus, 중간 ©Ryan E. Poplin
109 Wang et al., Nature Communications
110 Lida Xing et al
111 ©Anaxibia
113 Qi Zhao, Michael J. Benton, Xing Xu, and Martin J. Sande
115 ©Xing Lida
116 ©DerpyDuckAnimation
117 ©N. Tamura

06 인간의 빛, 자연의 빛

124 ©Roger McLassus
135 오른쪽 ©Pengo
136 ©KMJ
139 ©Sven Killig
142 ©International Year of Light committee
143 ©Zherebetskyy
144 ©Antipoff

07 인간의 바다, 고래의 바다

157 MARC의 2018년 남방큰돌고래 등지느러미 목록
162 youtu.be/y9u_XXb5pqk
163 Merrill Gosho, NOAA

08 기후위기, 돌이킬 수 없을까?

170 Arctic Climate Impact Assessment

09 인류는 미래에 어떤 우주환경에서 살아갈까?

190 www.scienceofcycles.com
195 MIT CSAIL
197 MIT CSAIL
199 NASA
200 Zureks
201 NASA
202 NASA
204 NASA
205 NASA ODPO
207 Mark Handley/University College London
208 NASA

10 태양계 너머로 떠나는 우주 탐사 이야기

212 NASA
214 ©Nesnad
216 ©Σ64
217 CNSA
219 youtu.be/QvTmdIhYnes
221 SpaceX
222 NASA Goddard Space Flight Center
225 ©TechCrunch
226 한국항공우주연구원
228 Caltech

십 대, 미래를 과학하라!

1판 1쇄 찍은날 2019년 10월 11일
1판 12쇄 펴낸날 2023년 8월 4일

글쓴이 | 정재승 외
펴낸이 | 정종호
펴낸곳 | (주)청어람미디어

책임편집 | 김상기
마케팅 | 강유은
제작·관리 | 정수진
인쇄·제본 | (주)성신미디어

등록 | 1998년 12월 8일 제22-1469호
주소 | 04045 서울특별시 마포구 양화로 56(서교동, 동양한강트레벨) 1122호
이메일 | chungaram@naver.com
전화 | 02-3143-4006~8
팩스 | 02-3143-4003

ISBN 979-11-5871-116-0 43400
잘못된 책은 구입하신 서점에서 바꾸어 드립니다.
값은 뒤표지에 있습니다.